数研出版編集部 編

スタンダード　数学C
〔ベクトル，複素数平面，式と曲線〕
教科書傍用

は　し　が　き

　本書は半世紀発行を続けてまいりました数研出版伝統の問題集です。全国の皆様から頂きました貴重な御意見が支えとなって，今日に至っております。教育そのものが厳しく問われている近年，どのような学習をすることが，生徒諸君の将来の糧になるかなど，根本的な課題が議論されてきております。

　教育については，様々な捉え方がありますが，数学については，やはり積み重ねの練習が必要であると思います。そして，まず1つ1つの基礎的内容を確実に把握することが重要であり，次に，それらの基礎概念を組み合わせて考える応用力が必要になってきます。

　編集方針として，上記の基本的な考え方を踏まえ，次の3点をあげました。

　　1．基本問題の反復練習を豊富にする。

　　2．やや程度の高い重要な問題も，その内容を分析整理することによって，重要事項が無理なく会得できるような形にする。

　　3．別冊詳解はつけない。自力で解くことによって真の実力が身につけられるように編集する。なお，巻末答には，必要に応じて，指針・略解をつけて，自力で解くときの手助けとなる配慮もする。

　このような方針で，編集致しましたが，まだまだ不十分な点もあることと思います。皆様の御指導と御批判を頂きながら，所期の目的達成のために，更によりよい問題集にしてゆきたいと念願しております。

JN080677

本書の構成と使用法

要項　問題解法に必要な公式およびそれに付随する注意事項をのせた。

例題　重要で代表的な問題を選んで例題とした。

　指針　問題のねらいと解法の要点を要領よくまとめた。

　解答　模範解答を示すようにしたが，中には略解の場合もある。

問題　問題A，問題B，発展の3段階に分けた。

　問題A　基本的な実力養成をねらったもので，諸君が独力で解答を試み，疑問の点のみを先生に質問するかまたは，該当する例題を参考にするということで理解できることが望ましい問題である。

　Aのまとめ　問題Aの内容をまとめたもので，基本的な実力がどの程度身についたかを知るためのテスト問題としても利用できる。

　問題B　応用力の養成をねらったもので，先生の指導のもとに学習すると，より一層の効果があがるであろう。

　発　展　発展学習的な問題など，教科書本文では，その内容が取り扱われていないが，重要と考えられる問題を配列した。

　ヒント　ページの下段に付した。問題を解くときに参照してほしい。

📖印問題　掲載している問題のうち，思考力・判断力・表現力の育成に特に役立つ問題に📖印をつけた。また，本文で扱えなかった問題を巻末の総合問題でまとめて取り上げた。なお，総合問題にはこの印を付していない。

答と略解　答の数値，図のみを原則とし，必要に応じて [　] 内に略解を付した。

指導要領の　枠外の問題　学習指導要領の枠を超えている問題に対して，問題番号などの右上に◆印を付した。内容的にあまり難しくない問題は問題Bに，やや難しい問題は発展に入れた。

■選択学習　時間的余裕のない場合や，復習を効果的に行う場合に活用。

　＊印　＊印の問題のみを演習しても，一通りの学習ができる。

　Aのまとめ　復習をする際に，問題Aはこれのみを演習してもよい。

チェックボックス（▱）　問題番号の横に設けた。

■問題数

　　総数 377 題　例題 44 題，問題A 134 題，問題B 174 題，発展 21 題
　　総合問題 4 題，＊印 201 題，Aのまとめ 24 題，📖印 13 題

目 次

第1章　平面上のベクトル

1　ベクトルの演算 ……………………… 4
2　ベクトルの成分 ……………………… 7
3　ベクトルの内積 ……………………… 9
4　位置ベクトル ………………………12
5　ベクトルと図形 ……………………14
6　ベクトル方程式 ……………………18
7　第1章　演習問題 ………………22

第2章　空間のベクトル

8　空間の座標 …………………………24
9　空間のベクトル，ベクトルの成分 …25
10　ベクトルの内積 …………………28
11　位置ベクトルと図形 ……………30
12　座標空間における図形 …………34
13　補　平面の方程式, 直線の方程式 …36
14　第2章　演習問題 ………………38

第3章　複素数平面

15　複素数平面 ………………………40
16　複素数の極形式と乗法，除法 …42
17　ド・モアブルの定理 ……………44
18　複素数と図形(1) …………………46
19　複素数と図形(2) …………………48
20　第3章　演習問題 ………………52

第4章　式と曲線

21　放物線 ……………………………54
22　楕円 ………………………………56
23　双曲線 ……………………………58
24　2次曲線の平行移動 ……………60
25　2次曲線と直線 …………………63
26　補　2次曲線と領域 ……………65
27　2次曲線の性質 …………………66
28　曲線の媒介変数表示 ……………67
29　極座標 ……………………………70
30　極方程式 …………………………71
31　第4章　演習問題 ………………74

総合問題 ……………………………76

答と略解 ……………………………78

1 ベクトルの演算

1 ベクトルの演算

① **相等** $\vec{a}=\vec{b}$　$\vec{a}$ と $\vec{b}$ の向きが同じで大きさが等しい

② **和** $\vec{a}+\vec{b}$　　　③ **差** $\vec{a}-\vec{b}$　　　④ **実数倍** $k\vec{a}$

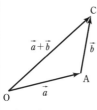 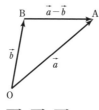 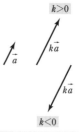

$\overrightarrow{OA}+\overrightarrow{AC}=\overrightarrow{OC}$　　　　$\overrightarrow{OA}-\overrightarrow{OB}=\overrightarrow{BA}$

⑤ **演算法則** $\vec{a}+\vec{b}=\vec{b}+\vec{a}$　　$(\vec{a}+\vec{b})+\vec{c}=\vec{a}+(\vec{b}+\vec{c})$

$k(l\vec{a})=(kl)\vec{a}$　　$(k+l)\vec{a}=k\vec{a}+l\vec{a}$　　$k(\vec{a}+\vec{b})=k\vec{a}+k\vec{b}$　　$(k,\ l$ は実数$)$

注意　**単位ベクトル**　大きさ1のベクトル

逆ベクトル　$-\vec{a}$　$\vec{a}$ と大きさが等しく，向きが反対

零ベクトル　$\vec{0}$　大きさ0，向きは考えない

$\vec{a}+(-\vec{a})=\vec{0},$　$\vec{a}+\vec{0}=\vec{a},$　$0\vec{a}=\vec{0},$　$k\vec{0}=\vec{0}$

2 ベクトルの平行条件

$\vec{a}\neq\vec{0},\ \vec{b}\neq\vec{0}$ のとき　　$\vec{a}/\!/\vec{b}\Longleftrightarrow\vec{b}=k\vec{a}$ となる実数 k がある

3 ベクトルの分解

$\vec{a}\neq\vec{0},\ \vec{b}\neq\vec{0}$ で，$\vec{a}$ と $\vec{b}$ が平行でないとき，任意のベクトル $\vec{p}$ は，次の形にただ1通りに表すことができる。

$$\vec{p}=s\vec{a}+t\vec{b}\qquad ただし s,\ t は実数$$

A

☐*1 右の図において，① のベクトルと比較して，次のベクトルを選び出せ。

(1) 向きが同じベクトル

(2) 大きさが等しいベクトル

(3) 等しいベクトル

(4) 逆ベクトル　　　(5) 平行なベクトル

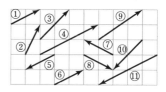

☐ 2 次の等式が成り立つことを示せ。

(1) $\overrightarrow{PQ}+\overrightarrow{QR}+\overrightarrow{RS}=\overrightarrow{PS}$　　　　*(2) $\overrightarrow{PQ}-\overrightarrow{RS}=\overrightarrow{PR}+\overrightarrow{SQ}$

☑ **3** 右の図のベクトル $\vec{a}$, $\vec{b}$ について，次のベクトルを点Oを始点とする有向線分で表せ。

*(1)　$\vec{a}+\vec{b}$　　　　(2)　$\vec{a}-\vec{b}$

*(3)　$3\vec{a}$　　　　　　(4)　$-\dfrac{1}{2}\vec{a}$

(5)　$2\vec{a}+3\vec{b}$　　*(6)　$2\vec{a}-\dfrac{1}{2}\vec{b}$

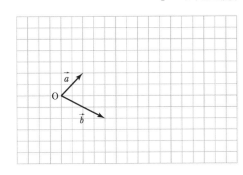

☑ **4** 次の式を簡単にせよ。

*(1)　$\vec{a}+2\vec{a}-5\vec{a}$　　　　　　　　(2)　$(\vec{a}+2\vec{b})+(\vec{a}-2\vec{b})$

(3)　$2(\vec{a}+\vec{b})-(\vec{a}-2\vec{b})$　　　　*(4)　$-3(2\vec{a}-3\vec{b})-4(-3\vec{a}-2\vec{b})$

☑ **5** 次の等式を満たす $\vec{x}$ を $\vec{a}$, $\vec{b}$ を用いて表せ。

*(1)　$2\vec{a}+\vec{x}=2\vec{x}-3\vec{b}$　　　　(2)　$3(2\vec{a}+3\vec{b}-\vec{x})=-\vec{x}+\vec{b}$

☑ **6** 次の問いに答えよ。

(1)　$\vec{e}$ を単位ベクトルとするとき，$\vec{e}$ と平行で，大きさが 6 のベクトルを求めよ。

*(2)　$|\vec{a}|=6$ のとき，$\vec{a}$ と平行な単位ベクトルを求めよ。

☑*7 平行四辺形 OACB において，対角線の交点を M とし，$\overrightarrow{OA}=\vec{a}$, $\overrightarrow{OB}=\vec{b}$ とするとき，次のベクトルを $\vec{a}$, $\vec{b}$ を用いて表せ。

(1)　$\overrightarrow{AB}$　　　　(2)　$\overrightarrow{AM}$　　　　(3)　$\overrightarrow{OC}$　　　　(4)　$\overrightarrow{OM}$

☑*8 正六角形 ABCDEF において，$\overrightarrow{AB}=\vec{a}$, $\overrightarrow{AF}=\vec{b}$ とするとき，次のベクトルを $\vec{a}$, $\vec{b}$ を用いて表せ。

(1)　$\overrightarrow{BC}$　　　　　　(2)　$\overrightarrow{EC}$

(3)　$\overrightarrow{CA}$　　　　　　(4)　$\overrightarrow{EA}$

☑ **Aの まとめ** **9** △ABC の辺 BC，CA，AB の中点をそれぞれ D，E，F とし，$\overrightarrow{AB}=\vec{b}$, $\overrightarrow{AC}=\vec{c}$ とするとき，$\overrightarrow{BC}$, $\overrightarrow{AD}$, $\overrightarrow{BE}$, $\overrightarrow{DF}$ を $\vec{b}$, $\vec{c}$ を用いて表せ。

■ ベクトルの表現

| 例題 **1** | 平行四辺形 ABCD の辺 BC, CD の中点をそれぞれ E, F とする。$\overrightarrow{AB}=\vec{a}$, $\overrightarrow{AD}=\vec{b}$ を $\overrightarrow{AE}=\vec{u}$, $\overrightarrow{AF}=\vec{v}$ を用いて表せ。 |

■指針■ **ベクトルの表現** $\vec{u}$, $\vec{v}$ を $\vec{a}$, $\vec{b}$ を用いて表す。その関係式から $\vec{a}$, $\vec{b}$ を $\vec{u}$, $\vec{v}$ を用いて表す。

解答　$\overrightarrow{AE}=\overrightarrow{AB}+\overrightarrow{BE}$, $\overrightarrow{AF}=\overrightarrow{AD}+\overrightarrow{DF}$ であるから

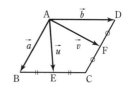

$$\vec{u}=\vec{a}+\frac{1}{2}\vec{b} \quad \cdots\cdots ①$$

$$\vec{v}=\vec{b}+\frac{1}{2}\vec{a} \quad \cdots\cdots ②$$

① から　$\vec{a}=\vec{u}-\frac{1}{2}\vec{b} \quad \cdots\cdots ③$

これを ② に代入して　$\vec{v}=\vec{b}+\frac{1}{2}\left(\vec{u}-\frac{1}{2}\vec{b}\right)$

よって　$\dfrac{3}{4}\vec{b}=\vec{v}-\dfrac{1}{2}\vec{u}$　すなわち　$\vec{b}=-\dfrac{2}{3}\vec{u}+\dfrac{4}{3}\vec{v}$ 答

これを ③ に代入して　$\vec{a}=\vec{u}-\dfrac{1}{2}\left(-\dfrac{2}{3}\vec{u}+\dfrac{4}{3}\vec{v}\right)=\dfrac{4}{3}\vec{u}-\dfrac{2}{3}\vec{v}$ 答

■■■ **B** ■■■

☐*10　AB=3, AD=4 の長方形 ABCD がある。$\overrightarrow{AB}=\vec{a}$, $\overrightarrow{AD}=\vec{b}$ とするとき, $\overrightarrow{BD}$ と同じ向きの単位ベクトルを $\vec{a}$, $\vec{b}$ を用いて表せ。

☐ **11**　次の等式を満たす $\vec{x}$, $\vec{y}$ を $\vec{a}$, $\vec{b}$ を用いて表せ。

*(1) $\begin{cases} 2\vec{x}+\vec{y}=3\vec{a} \\ \vec{x}-\vec{y}=6\vec{b} \end{cases}$
(2) $\begin{cases} 2\vec{x}-3\vec{y}=\vec{a}+\vec{b} \\ \vec{x}+\vec{y}=\vec{a}-\vec{b} \end{cases}$

☐ **12** *(1)　$\overrightarrow{OA}=2\vec{a}$, $\overrightarrow{OB}=3\vec{b}$, $\overrightarrow{OP}=6\vec{b}-4\vec{a}$ であるとき, $\overrightarrow{OP}\,/\!/\,\overrightarrow{AB}$ であることを示せ。ただし, $\vec{a}\neq\vec{0}$, $\vec{b}\neq\vec{0}$ で, $\vec{a}$ と $\vec{b}$ は平行でないものとする。
(2)　$\overrightarrow{OA}=\vec{a}$, $\overrightarrow{OB}=\vec{b}$, $\overrightarrow{OP}=3\vec{a}-2\vec{b}$, $\overrightarrow{OQ}=3\vec{a}$ であるとき, $\overrightarrow{PQ}\,/\!/\,\overrightarrow{OB}$ であることを示せ。ただし, $\vec{a}\neq\vec{0}$, $\vec{b}\neq\vec{0}$ で, $\vec{a}$ と $\vec{b}$ は平行でないものとする。

☐*13　平行四辺形 ABCD の辺 BC の中点を E, 辺 CD を 3:2 に内分する点を F とする。$\overrightarrow{AB}=\vec{a}$, $\overrightarrow{AD}=\vec{b}$, $\overrightarrow{AE}=\vec{u}$, $\overrightarrow{AF}=\vec{v}$ とするとき, $\vec{a}$, $\vec{b}$ を $\vec{u}$, $\vec{v}$ を用いて表せ。

☐ **14**　四角形 ABCD について, 次のことを証明せよ。

四角形 ABCD が平行四辺形

$$\Longleftrightarrow \overrightarrow{AC}+\overrightarrow{BD}=2\overrightarrow{AD}$$

2 ベクトルの成分

1 ベクトルの成分
$\vec{a}=(a_1,\ a_2),\ \vec{b}=(b_1,\ b_2)$ とする。

① **成分と相等**　$\vec{a}=\vec{b} \iff (a_1,\ a_2)=(b_1,\ b_2) \iff a_1=b_1,\ a_2=b_2$

② **成分と大きさ**　$|\vec{a}|=\sqrt{a_1{}^2+a_2{}^2}$

③ $k,\ l$ が実数のとき　$k\vec{a}+l\vec{b}=k(a_1,\ a_2)+l(b_1,\ b_2)=(ka_1+lb_1,\ ka_2+lb_2)$

2 座標とベクトル
$A(a_1,\ a_2),\ B(b_1,\ b_2)$ について
$\overrightarrow{AB}=(b_1-a_1,\ b_2-a_2)$　　$|\overrightarrow{AB}|=\sqrt{(b_1-a_1)^2+(b_2-a_2)^2}$

15 右の図の $\vec{a}$, $\vec{b}$ について，次のベクトルを成分表示
せよ。また，その大きさを求めよ。

(1) $\vec{a}$　　　　(2) $\vec{b}$　　　　(3) $3\vec{a}$

*(4) $-2\vec{a}$　　(5) $\vec{a}+\vec{b}$

(6) $\vec{a}-\vec{b}$　　*(7) $2\vec{a}-3\vec{b}$

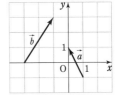

16 $\vec{a}=(-1,\ 1),\ \vec{b}=(1,\ -3)$ のとき，次のベクトルを $s\vec{a}+t\vec{b}$ の形に表せ。

*(1) $\vec{p}=(-5,\ 3)$　　　　(2) $\vec{q}=(2,\ 0)$

17 次の2つのベクトルが平行になるように，t の値を定めよ。

*(1) $\vec{a}=(3,\ 4),\ \vec{b}=(-6,\ t)$　　(2) $\vec{a}=(1,\ t),\ \vec{b}=(t,\ t+6)$

18 次の2点 A, B について $\overrightarrow{AB}$ を成分表示せよ。また，その大きさを求めよ。

*(1) $A(1,\ 3),\ B(2,\ 5)$　　(2) $A(2,\ 15),\ B(-3,\ 3)$

*19 4点 $A(-2,\ 3),\ B(2,\ x),\ C(8,\ 2),\ D(y,\ 7)$ を頂点とする四角形 ABCD が
平行四辺形となるように，$x,\ y$ の値を定めよ。

Aの まとめ 20 (1) $\vec{a}=(2,\ -3),\ \vec{b}=(4,\ 1)$ のとき，ベクトル $3\vec{a}-2\vec{b}$ を成分表示
せよ。また，その大きさを求めよ。

(2) $\vec{a}=(2,\ 3),\ \vec{b}=(-2,\ 2)$ のとき，ベクトル $\vec{c}=(5,\ 5)$ を
$s\vec{a}+t\vec{b}$ の形に表せ。

(3) $A(2,\ -4),\ B(-2,\ 1),\ C(-1,\ -7),\ D(7,\ -17)$ とする。
ベクトルを用いて，AB∥CD であることを示せ。

■ ベクトルの大きさの最小値

例題 2 $\vec{a}=(-3,\ 2)$, $\vec{b}=(2,\ 1)$ のとき, $|\vec{a}+t\vec{b}|$ の最小値とそのときの実数 t の値を求めよ。

指針 **大きさの最小** $|\vec{a}+t\vec{b}|\geqq0$ であるから, $|\vec{a}+t\vec{b}|^2$ が最小となるとき, $|\vec{a}+t\vec{b}|$ も最小となることを利用する。

解答 $\vec{a}+t\vec{b}=(-3,\ 2)+t(2,\ 1)=(-3+2t,\ 2+t)$ であるから

$$|\vec{a}+t\vec{b}|^2=(-3+2t)^2+(2+t)^2$$
$$=5t^2-8t+13=5\left(t-\frac{4}{5}\right)^2+\frac{49}{5}$$

よって, $|\vec{a}+t\vec{b}|^2$ は $t=\dfrac{4}{5}$ のとき最小値 $\dfrac{49}{5}$ をとる。

$|\vec{a}+t\vec{b}|\geqq0$ であるから, このとき $|\vec{a}+t\vec{b}|$ も最小となる。

したがって $t=\dfrac{4}{5}$ のとき最小値 $\dfrac{7\sqrt{5}}{5}$ **答**

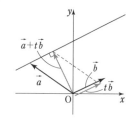

■■ B ■■

21 (1) $\vec{a}=(1,\ 2)$ と同じ向きの単位ベクトルを成分表示せよ。

*(2) $\vec{b}=(2,\ -\sqrt{5})$ と反対向きで, 大きさが 6 のベクトルを成分表示せよ。

22 $\vec{a}=(3,\ 6)$, $\vec{b}=(4,\ -2)$ のとき, 次の等式を満たす $\vec{x},\ \vec{y}$ を求めよ。

　(1) $2\vec{a}+2\vec{x}=3\vec{b}$ 　　　　　　*(2) $\begin{cases}2\vec{x}-\vec{y}=\vec{a}+\vec{b}\\\vec{x}+\vec{y}=\vec{a}-4\vec{b}\end{cases}$

*23 $\vec{a}=(x,\ -1)$, $\vec{b}=(2,\ -3)$ に対して, $\vec{a}+3\vec{b}$ と $\vec{b}-\vec{a}$ が平行になるように, x の値を定めよ。

*24 3点 A$(2,\ 3)$, B$(4,\ 5)$, C$(5,\ 1)$ に対して, これらの点を 3 つの頂点とする平行四辺形の残りの頂点Dの座標を, ベクトルを利用して求めよ。

*25 $\vec{a}=(3,\ 1)$, $\vec{b}=(1,\ 2)$ のとき, $\vec{c}=\vec{a}+t\vec{b}$ (t は実数) について考える。

　(1) $|\vec{c}|=\sqrt{15}$ のとき, t の値を求めよ。

　(2) $|\vec{c}|$ の最小値とそのときの t の値を求めよ。

26 2定点 A$(5,\ 2)$, B$(-1,\ 5)$ と x 軸上の動点Pについて, $2\overrightarrow{PA}+\overrightarrow{PB}$ の大きさの最小値とそのときのPの座標を求めよ。

ヒント **26** x 軸上の点 P $\longrightarrow$ P$(x,\ 0)$ とおける。

3 ベクトルの内積

1 **ベクトルの内積**

$\vec{a} \neq \vec{0}$, $\vec{b} \neq \vec{0}$ のとき，$\vec{a}$ と $\vec{b}$ のなす角を θ $(0° \leqq \theta \leqq 180°)$ とすると

$$\vec{a} \cdot \vec{b} = |\vec{a}||\vec{b}|\cos\theta$$

注意 $\vec{a} = \vec{0}$ または $\vec{b} = \vec{0}$ のときは，$\vec{a}$ と $\vec{b}$ の内積を $\vec{a} \cdot \vec{b} = 0$ と定める。

2 **内積と成分**

$\vec{a} = (a_1, a_2)$, $\vec{b} = (b_1, b_2)$ とする。

① $\vec{a} \cdot \vec{b} = a_1 b_1 + a_2 b_2$

以下，$\vec{a} \neq \vec{0}$, $\vec{b} \neq \vec{0}$ とする。

② $\vec{a}$ と $\vec{b}$ のなす角を θ とすると

$$\cos\theta = \frac{\vec{a} \cdot \vec{b}}{|\vec{a}||\vec{b}|} \qquad \text{ただし} \quad 0° \leqq \theta \leqq 180°$$

③ **垂直条件** $\vec{a} \perp \vec{b} \iff \vec{a} \cdot \vec{b} = 0 \iff a_1 b_1 + a_2 b_2 = 0$

④ **平行条件** $\vec{a} /\!/ \vec{b} \iff$ 「$\vec{a} \cdot \vec{b} = |\vec{a}||\vec{b}|$ または $\vec{a} \cdot \vec{b} = -|\vec{a}||\vec{b}|$」 $\iff a_1 b_2 - a_2 b_1 = 0$

3 **内積の性質**

① $\vec{a} \cdot \vec{b} = \vec{b} \cdot \vec{a}$　　② $(\vec{a} + \vec{b}) \cdot \vec{c} = \vec{a} \cdot \vec{c} + \vec{b} \cdot \vec{c}$,　$\vec{a} \cdot (\vec{b} + \vec{c}) = \vec{a} \cdot \vec{b} + \vec{a} \cdot \vec{c}$

③ $(k\vec{a}) \cdot \vec{b} = \vec{a} \cdot (k\vec{b}) = k(\vec{a} \cdot \vec{b})$　　ただし k は実数

④ $\vec{a} \cdot \vec{a} = |\vec{a}|^2$　　⑤ $|\vec{a}| = \sqrt{\vec{a} \cdot \vec{a}}$

▓ **A** ▓

☐ **27** $|\vec{a}| = 3$, $|\vec{b}| = 4$ とし，$\vec{a}$ と $\vec{b}$ のなす角を θ とする。次の各場合について，内積 $\vec{a} \cdot \vec{b}$ を求めよ。

*(1)　$\theta = 30°$　　　　　　*(2)　$\theta = 90°$　　　　　(3)　$\theta = 135°$

☐ **28** 右の図は，AB=5，AC=2，∠BAC=60° の △ABC の頂点Cから，底辺 AB に垂線 CH を下ろしたものである。次の内積を求めよ。

(1)　$\overrightarrow{AB} \cdot \overrightarrow{AC}$　　　　　*(2)　$\overrightarrow{AC} \cdot \overrightarrow{CH}$

(3)　$\overrightarrow{AB} \cdot \overrightarrow{CH}$　　　　　*(4)　$\overrightarrow{BA} \cdot \overrightarrow{BC}$

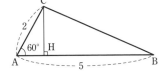

☐ **29** 次の条件を満たす2つのベクトル $\vec{a}$, $\vec{b}$ のなす角 θ を求めよ。

(1)　$|\vec{a}| = 6$, $|\vec{b}| = 3$, $\vec{a} \cdot \vec{b} = 9\sqrt{3}$　　　(2)　$|\vec{a}| = 3$, $|\vec{b}| = 2$, $\vec{a} \cdot \vec{b} = -3$

☐ **30** 次の2つのベクトル $\vec{a}$, $\vec{b}$ の内積と，そのなす角 θ を求めよ。

(1)　$\vec{a} = (\sqrt{3}, 3)$, $\vec{b} = (3, \sqrt{3})$　　　*(2)　$\vec{a} = (3, 6)$, $\vec{b} = (2, -6)$

*(3)　$\vec{a} = (2, 1)$, $\vec{b} = (3, -6)$　　　(4)　$\vec{a} = (1, 1)$, $\vec{b} = (-1, 2+\sqrt{3})$

☑ **31** 次の2つのベクトル $\vec{a}$, $\vec{b}$ が垂直となるように，k の値を定めよ。
  (1) $\vec{a}=(-1, 2)$, $\vec{b}=(k, 2)$ (2) $\vec{a}=(k, k+2)$, $\vec{b}=(2, -1)$
  *(3) $\vec{a}=(3, k)$, $\vec{b}=(2, -k)$

☑ **32** *(1) $\vec{a}=(1, -1)$ に垂直な単位ベクトル $\vec{e}$ を求めよ。
  (2) $\vec{b}=(2, 1)$ に垂直で，大きさ $\sqrt{5}$ のベクトル $\vec{u}$ を求めよ。

☑ **33** 次の等式を証明せよ。
  *(1) $(\vec{p}-\vec{a})\cdot(\vec{p}+2\vec{b})=|\vec{p}|^2-(\vec{a}-2\vec{b})\cdot\vec{p}-2\vec{a}\cdot\vec{b}$
  (2) $(3\vec{a}+4\vec{b})\cdot(3\vec{a}-4\vec{b})=9|\vec{a}|^2-16|\vec{b}|^2$

☑ ***34** $|\vec{a}|=2$, $|\vec{b}|=1$ で，$\vec{a}$ と $\vec{b}$ のなす角が $60°$ のとき，ベクトル $2\vec{a}+3\vec{b}$ の大きさを求めよ。

☑ ■**A**の■ **35** 次のものを求めよ。
    まとめ
  (1) 正六角形 ABCDEF において，AB=3 とするとき，次の内積の値
    (ア) $\overrightarrow{AB}\cdot\overrightarrow{AF}$ (イ) $\overrightarrow{AB}\cdot\overrightarrow{AC}$ (ウ) $\overrightarrow{AB}\cdot\overrightarrow{BC}$
    (エ) $\overrightarrow{AB}\cdot\overrightarrow{AE}$ (オ) $\overrightarrow{AD}\cdot\overrightarrow{BE}$ (カ) $\overrightarrow{AD}\cdot\overrightarrow{BC}$
  (2) $\vec{a}=(\sqrt{3}, -3)$, $\vec{b}=(-\sqrt{3}, 1)$ の内積と，そのなす角 θ
  (3) $\vec{a}=(-\sqrt{3}, 1)$ と垂直で，大きさ $2\sqrt{10}$ のベクトル $\vec{u}$

■■■ B ■■■

☑ ***36** $|\vec{a}|=|\vec{b}|=2$, $\vec{a}\cdot\vec{b}=-2$ のとき，$\vec{a}+\vec{b}$ と $\vec{a}+t\vec{b}$ が垂直になるように，実数 t の値を定めよ。

☑ **37** $|\vec{a}|=|\vec{b}|$, $\vec{a}+\vec{b}\neq\vec{0}$, $\vec{a}-\vec{b}\neq\vec{0}$ のとき，$\vec{a}+\vec{b}$ と $\vec{a}-\vec{b}$ は垂直となることを示せ。

☑ ***38** (1) $\vec{a}=(\sqrt{3}, 1)$ と $30°$ の角をなす単位ベクトル $\vec{b}$ を求めよ。
  (2) $\vec{c}=(1, 2)$ と $\vec{d}=(2, k)$ のなす角が $45°$ のとき，k の値を求めよ。

☑ **39** $\vec{a}=(1, 2)$, $\vec{b}=(1, -1)$ について，$(x\vec{a}+y\vec{b})\perp\vec{a}$ かつ $|x\vec{a}+y\vec{b}|=1$ となるように，実数 x, y の値を定めよ。

☑ ***40** $\overrightarrow{OA}=(4, 2)$, $\overrightarrow{OB}=(-4, 3)$ について，$\overrightarrow{OC}\perp\overrightarrow{OA}$, $\overrightarrow{BC}/\!/\overrightarrow{OA}$ であるとき，$\overrightarrow{OC}$ の成分を求めよ。

■ベクトルの内積となす角

例題 3

$|\vec{a}|=2$, $|\vec{b}|=6$, $|\vec{a}-\vec{b}|=2\sqrt{7}$ のとき，$|\vec{a}+\vec{b}|$ の値，および $\vec{a}$ と $\vec{b}$ のなす角 θ $(0°\leqq\theta\leqq180°)$ を求めよ。

指針 　**内積の演算** 　① 　大きさ（絶対値）$|\vec{a}|=a$ なら $\vec{a}\cdot\vec{a}=a^2$
② 　$(p\vec{a}+q\vec{b})\cdot(r\vec{a}+s\vec{b})$ の計算 $\longrightarrow$ $(pa+qb)(ra+sb)$ に類似

ベクトルのなす角 　$\vec{a}\cdot\vec{b}=|\vec{a}||\vec{b}|\cos\theta$ から，まず $\cos\theta$ を求める。

解答 　$|\vec{a}-\vec{b}|=2\sqrt{7}$ から 　　$|\vec{a}-\vec{b}|^2=(2\sqrt{7})^2$ ……①
また 　　$|\vec{a}-\vec{b}|^2=(\vec{a}-\vec{b})\cdot(\vec{a}-\vec{b})=|\vec{a}|^2-2\vec{a}\cdot\vec{b}+|\vec{b}|^2=40-2\vec{a}\cdot\vec{b}$
①から 　　$40-2\vec{a}\cdot\vec{b}=(2\sqrt{7})^2$ 　　　よって 　　$\vec{a}\cdot\vec{b}=6$
ゆえに 　　$|\vec{a}+\vec{b}|^2=(\vec{a}+\vec{b})\cdot(\vec{a}+\vec{b})=|\vec{a}|^2+2\vec{a}\cdot\vec{b}+|\vec{b}|^2=2^2+2\times6+6^2=52$
$|\vec{a}+\vec{b}|\geqq0$ であるから 　　$|\vec{a}+\vec{b}|=\sqrt{52}=\boldsymbol{2\sqrt{13}}$ **答**
また 　　$\cos\theta=\dfrac{\vec{a}\cdot\vec{b}}{|\vec{a}||\vec{b}|}=\dfrac{6}{2\times6}=\dfrac{1}{2}$
$0°\leqq\theta\leqq180°$ であるから 　　$\boldsymbol{\theta=60°}$ **答**

B

☐ **41** (1) 　$\vec{a}\cdot\vec{b}=4$, $|\vec{a}|^2+|\vec{b}|^2=17$ のとき，$|\vec{a}+\vec{b}|$ の値を求めよ。

　*(2) 　$|\vec{a}|=1$, $|\vec{b}|=\sqrt{2}$, $|2\vec{a}+\vec{b}|=\sqrt{10}$ のとき，$|\vec{a}-\vec{b}|$ の値，および $\vec{a}$ と $\vec{b}$ のなす角 θ $(0°\leqq\theta\leqq180°)$ を求めよ。

☐ **42** 　$\vec{a}\neq\vec{0}$, $\vec{b}\neq\vec{0}$ で，$\vec{a}$ と $\vec{b}$ は平行でないとする。
　(1) 　$|\vec{a}+t\vec{b}|$ を最小にする t の値を $|\vec{a}|$, $|\vec{b}|$, $\vec{a}\cdot\vec{b}$ を用いて表せ。
　(2) 　(1)の t の値を t_0 とする。$\vec{a}+t_0\vec{b}$ と $\vec{b}$ は垂直であることを示せ。

☐*43 　次の3通りの方法で，$\vec{a}=(-1, 6)$, $\vec{b}=(3, t)$ が平行になるように，t の値を定めよ。ただし，k は実数とする。
　[1] 　$\vec{a}/\!/\vec{b} \iff \vec{b}=k\vec{a}$
　[2] 　$\vec{a}/\!/\vec{b} \iff \vec{a}\cdot\vec{b}=|\vec{a}||\vec{b}|$ または $\vec{a}\cdot\vec{b}=-|\vec{a}||\vec{b}|$
　[3] 　$\vec{a}/\!/\vec{b} \iff a_1b_2-a_2b_1=0$ 　$(\vec{a}=(a_1, a_2), \vec{b}=(b_1, b_2)$ とする$)$

☐ **44** 　$\vec{a}\cdot\vec{b}=\vec{b}\cdot\vec{c}=\vec{c}\cdot\vec{a}=-1$, $\vec{a}+\vec{b}+\vec{c}=\vec{0}$ とする。
　(1) 　$\vec{a}$, $\vec{b}$, $\vec{c}$ の大きさを求めよ。 　　(2) 　$\vec{a}$ と $\vec{b}$ のなす角 θ を求めよ。

☐*45 　次の三角形 ABC の面積を求めよ。
　(1) 　$\overrightarrow{AB}=(3, 2)$, $\overrightarrow{AC}=(2, 1)$ 　　　(2) 　A$(1, -2)$, B$(4, 1)$, C$(-2, 5)$

ヒント 45 三角形の面積 $\overrightarrow{OA}=(a, b)$, $\overrightarrow{OB}=(c, d)$ とすると
$\triangle OAB=\dfrac{1}{2}\sqrt{|\overrightarrow{OA}|^2|\overrightarrow{OB}|^2-(\overrightarrow{OA}\cdot\overrightarrow{OB})^2}=\dfrac{1}{2}|ad-bc|$

4 位置ベクトル

> **1 位置ベクトルと内分点・外分点**
> A($\vec{a}$), B($\vec{b}$), C($\vec{c}$) とする。
> ① $\overrightarrow{AB}=\vec{b}-\vec{a}$
> ② **内分点・外分点** 線分 AB を $m:n$ に内分または外分する点について
>
> 内分点 P($\vec{p}$)：$\vec{p}=\dfrac{n\vec{a}+m\vec{b}}{m+n}$ 外分点 Q($\vec{q}$)：$\vec{q}=\dfrac{-n\vec{a}+m\vec{b}}{m-n}$
>
> 中点 M($\vec{m}$)：$\vec{m}=\dfrac{\vec{a}+\vec{b}}{2}$
>
> ③ **重心** △ABC の重心 G($\vec{g}$)：$\vec{g}=\dfrac{\vec{a}+\vec{b}+\vec{c}}{3}$

■■A■■

☑ **46** 2点 A($\vec{a}$), B($\vec{b}$) を結ぶ線分 AB について，次の点の位置ベクトルを $\vec{a}$, $\vec{b}$ を用いて表せ。

*(1) 3：5 に内分する点 (2) 中点

*(3) 3：5 に外分する点 (4) 5：3 に外分する点

☑ **47** △ABC の辺 BC，CA を 2：3 に内分する点をそれぞれ D，E，△ABC の重心をGとする。次のベクトルを $\overrightarrow{AB}=\vec{b}$, $\overrightarrow{AC}=\vec{c}$ を用いて表せ。

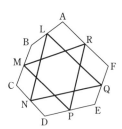

(1) $\overrightarrow{AE}$ (2) $\overrightarrow{BC}$ (3) $\overrightarrow{AD}$
*(4) $\overrightarrow{DE}$ *(5) $\overrightarrow{AG}$ (6) $\overrightarrow{GC}$

☑***48** 右の図のような六角形 ABCDEF の各辺の中点を順に L，M，N，P，Q，R とするとき，△LNQ の重心と △MPR の重心は一致することを証明せよ。

☑***49** △ABC の重心をG，同じ平面上の任意の点をPとするとき，等式 $\overrightarrow{AP}+\overrightarrow{BP}-2\overrightarrow{CP}=3\overrightarrow{GC}$ が成り立つことを証明せよ。

☑ **■Aの■ 50** △ABC の辺 BC，CA，AB を 1：2 に内分する点をそれぞれ D，
まとめ E，F とするとき，等式 $\overrightarrow{AD}+\overrightarrow{BE}+\overrightarrow{CF}=\vec{0}$ が成り立つことを証明せよ。

■ベクトルで表された点の位置

例題 4

$\triangle ABC$ と点Pについて，$2\overrightarrow{AP}+3\overrightarrow{BP}+\overrightarrow{CP}=\vec{0}$ のとき
(1) 点Pの位置をいえ。
(2) $\triangle PBC:\triangle PCA:\triangle PAB$ を求めよ。

指針 **ベクトルの等式と点の位置** 等式からPの位置ベクトルを表す式を導き，その式からPがある線分の内分点であることなどを判断する。解答ではAに関する位置ベクトルを考えている。

解答 (1) 与えられた等式から $\quad 2\overrightarrow{AP}+3(\overrightarrow{AP}-\overrightarrow{AB})+(\overrightarrow{AP}-\overrightarrow{AC})=\vec{0}$

よって $\quad \overrightarrow{AP}=\dfrac{3\overrightarrow{AB}+\overrightarrow{AC}}{6}=\dfrac{2}{3}\times\dfrac{3\overrightarrow{AB}+\overrightarrow{AC}}{4}$

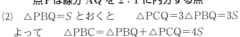

$\overrightarrow{AQ}=\dfrac{3\overrightarrow{AB}+\overrightarrow{AC}}{1+3}$ とすると $\quad \overrightarrow{AP}=\dfrac{2}{3}\overrightarrow{AQ}$

ゆえに $\quad BQ:QC=1:3,\ AP:PQ=2:1$

答 辺 BC を 1：3 に内分する点をQとすると，
　　点Pは線分 AQ を 2：1 に内分する点

(2) $\triangle PBQ=S$ とおくと $\quad \triangle PCQ=3\triangle PBQ=3S$

よって $\quad \triangle PBC=\triangle PBQ+\triangle PCQ=4S$
同様に $\quad \triangle PCA=2\triangle PCQ=6S,\ \triangle PAB=2\triangle PBQ=2S$
したがって $\quad \triangle PBC:\triangle PCA:\triangle PAB=4S:6S:2S=\mathbf{2:3:1}$ **答**

▦▦▦ B ▦▦▦

☑ *51 $\angle A=60°$，$AB=8$，$AC=5$ である $\triangle ABC$ の内心をIとする。$\overrightarrow{AB}=\vec{b}$，$\overrightarrow{AC}=\vec{c}$ とするとき，$\overrightarrow{AI}$ を $\vec{b}$，$\vec{c}$ を用いて表せ。

☑ 52 $\triangle ABC$ の辺 BC，CA，AB の中点をそれぞれ A_1，B_1，C_1 とし，平面上の任意の点Oに対し，線分 OA，OB，OC の中点をそれぞれ A_2，B_2，C_2 とする。線分 A_1A_2，B_1B_2，C_1C_2 の中点は一致することを証明せよ。

☑ 53 $\triangle ABC$ を含む平面上の点Pが次の等式を満たすとき，点Pの位置をいえ。
(1) $\overrightarrow{AP}=\overrightarrow{BC}$
*(2) $\overrightarrow{PA}+\overrightarrow{PB}+\overrightarrow{PC}=\overrightarrow{AB}$
(3) $7\overrightarrow{AP}=4\overrightarrow{AB}+3\overrightarrow{AC}$
*(4) $10\overrightarrow{AP}=2\overrightarrow{AB}-3\overrightarrow{CA}$

☑ *54 $\triangle ABC$ と点Pについて，$3\overrightarrow{AP}+5\overrightarrow{BP}+4\overrightarrow{CP}=\vec{0}$ のとき
(1) 点Pの位置をいえ。
(2) $\triangle PBC:\triangle PCA:\triangle PAB$ を求めよ。

ヒント 51 角の二等分線の性質を利用。$\triangle ABC$ において，$\angle A$ の二等分線と辺 BC の交点をDとすると $BD:DC=AB:AC$

5 ベクトルと図形

■ A ■

☐ **55** $\overrightarrow{OP}=\vec{u}-3\vec{v}$, $\overrightarrow{OQ}=3\vec{u}-5\vec{v}$, $\overrightarrow{OR}=-2\vec{v}$ のとき, 次のことを証明せよ。

(1) 3点 P, Q, R は一直線上にある。

(2) 点Qは直線 PR 上にあり, 線分 PR を $2:3$ に外分する。

☐ *56 3点 $(1, x)$, $(x, 0)$, $(-1, 6)$ が一直線上にあるように, x の値を定めよ。

☐ *57 ∠A が直角である直角二等辺三角形 ABC の3つの辺 BC, CA, AB を $3:2$ に内分する点を, それぞれ L, M, N とする。$\overrightarrow{AB}=\vec{b}$, $\overrightarrow{AC}=\vec{c}$ とするとき, 次の問いに答えよ。

(1) $\overrightarrow{AL}$, $\overrightarrow{NM}$ を $\vec{b}$, $\vec{c}$ を用いて表せ。

(2) $\overrightarrow{AL} \perp \overrightarrow{NM}$ であることを示せ。

☐ **58** $\vec{a} \neq \vec{0}$, $\vec{b} \neq \vec{0}$ で, $\vec{a}$ と $\vec{b}$ は平行でないとする。次の等式を満たす実数 s, t の値を求めよ。

(1) $2\vec{a}+s\vec{b}=t\vec{a}-\vec{b}$ $\qquad$ *(2) $s\vec{a}+(3-2t)\vec{b}=\vec{0}$

(3) $\vec{c}=\vec{a}-2\vec{b}$, $\vec{d}=2\vec{a}+3\vec{b}$ のとき $\quad s\vec{c}+t\vec{d}=4\vec{a}+13\vec{b}$

☐ ■Aの■ まとめ **59** $\overrightarrow{OA}=-2\vec{a}$, $\overrightarrow{OB}=4\vec{a}$, $\overrightarrow{OC}=2\vec{a}+4\vec{b}$, $\overrightarrow{OD}=6\vec{a}+2\vec{b}$, $\overrightarrow{OE}=6\vec{a}-3\vec{b}$ であるとき, 次のことを証明せよ。ただし, $\vec{a} \neq \vec{0}$, $\vec{b} \neq \vec{0}$ で, $\vec{a}$ と $\vec{b}$ は平行でないとする。

(1) 3点 O, A, B は一直線上にある。

(2) AC∥BD $\qquad\qquad$ (3) $\vec{a} \perp \vec{b}$ のとき AB⊥ED

交点のベクトル表現

例題 5

△ABC において，辺 AB を 1:2 に内分する点をD，辺 AC を 3:1 に内分する点をEとし，線分 CD，BE の交点をPとする。$\overrightarrow{AB}=\vec{b}$, $\overrightarrow{AC}=\vec{c}$ とするとき，$\overrightarrow{AP}$ を $\vec{b}$, $\vec{c}$ を用いて表せ。

指針 **交点の位置ベクトル** 交点の位置ベクトルを2通りに表す。

解答 BP:PE$=s:(1-s)$, CP:PD$=t:(1-t)$ とすると

$$\overrightarrow{AP}=(1-s)\overrightarrow{AB}+s\overrightarrow{AE}=(1-s)\vec{b}+\frac{3}{4}s\vec{c} \quad \cdots\cdots ①$$

$$\overrightarrow{AP}=t\overrightarrow{AD}+(1-t)\overrightarrow{AC}=\frac{1}{3}t\vec{b}+(1-t)\vec{c} \quad \cdots\cdots ②$$

①，②から $(1-s)\vec{b}+\frac{3}{4}s\vec{c}=\frac{1}{3}t\vec{b}+(1-t)\vec{c}$

$\vec{b}\neq\vec{0}$, $\vec{c}\neq\vec{0}$ で，$\vec{b}$ と $\vec{c}$ は平行でないから

$$1-s=\frac{1}{3}t, \quad \frac{3}{4}s=1-t \qquad \text{これを解いて} \qquad s=\frac{8}{9}, \ t=\frac{1}{3}$$

$s=\frac{8}{9}$ を①に代入して $\overrightarrow{AP}=\left(1-\frac{8}{9}\right)\vec{b}+\frac{3}{4}\times\frac{8}{9}\vec{c}=\frac{1}{9}\vec{b}+\frac{2}{3}\vec{c}$ **答**

別解 △ABE と直線 CD にメネラウスの定理を用いると

$$\frac{BP}{PE}\times\frac{EC}{CA}\times\frac{AD}{DB}=1 \quad \text{すなわち} \quad \frac{BP}{PE}\times\frac{1}{4}\times\frac{1}{2}=1$$

よって $\frac{BP}{PE}=8$

点Pは線分 BE を 8:1 に内分する点であるから

$$\overrightarrow{AP}=\frac{\overrightarrow{AB}+8\overrightarrow{AE}}{8+1}=\frac{1}{9}\vec{b}+\frac{2}{3}\vec{c}$$ **答**

B

*60 △ABC の重心をG，辺 AB を 1:4 に内分する点をD，辺 BC を 4:3 に内分する点をEとするとき，3点 D，E，G は一直線上にあることを示せ。

*61 △OAB において，辺 OA を 2:1 に内分する点をC，辺 OB を 4:5 に内分する点をDとし，線分 AD と線分 BC の交点をPとする。$\overrightarrow{OA}=\vec{a}$, $\overrightarrow{OB}=\vec{b}$ とするとき，$\overrightarrow{OP}$ を $\vec{a}$, $\vec{b}$ を用いて表せ。また，直線 OP と辺 AB の交点をQとするとき，AQ:QB を求めよ。

62 平行四辺形 ABCD において，辺 AB を 2:1 に内分する点をE，辺 AD の中点をF，線分 ED と線分 CF の交点をKとする。
(1) $\overrightarrow{AK}$ を $\overrightarrow{AB}=\vec{b}$, $\overrightarrow{AD}=\vec{d}$ を用いて表せ。 (2) EK:KD を求めよ。

▆ 垂心の位置ベクトル

例題　6　$OA=2\sqrt{2}$，$OB=\sqrt{3}$，$\vec{OA}\cdot\vec{OB}=2$ である △OAB の垂心を H とする。$\vec{OA}=\vec{a}$，$\vec{OB}=\vec{b}$ とするとき，$\vec{OH}$ を $\vec{a}$，$\vec{b}$ を用いて表せ。

指針　**垂心**　$\vec{OA}\neq\vec{0}$，$\vec{OB}\neq\vec{0}$ で，$\vec{OA}$ と $\vec{OB}$ は平行でないから，$\vec{OH}=s\vec{OA}+t\vec{OB}$ となる実数 s，t がただ1通り存在する。AH⊥OB，BH⊥OA から s，t の値を求める。

解答　条件から　$|\vec{a}|=2\sqrt{2}$，$|\vec{b}|=\sqrt{3}$，$\vec{a}\cdot\vec{b}=2$　…… ①

$\vec{OH}=s\vec{a}+t\vec{b}$ (s，t は実数) とおくと，AH⊥OB から

$$\vec{AH}\cdot\vec{OB}=0$$

よって　　　$(s\vec{a}+t\vec{b}-\vec{a})\cdot\vec{b}=0$

ゆえに　　　$s\vec{a}\cdot\vec{b}+t|\vec{b}|^2-\vec{a}\cdot\vec{b}=0$

これに ① を代入すると

$$2s+3t-2=0 \quad …… ②$$

また，BH⊥OA であるから　　$\vec{BH}\cdot\vec{OA}=0$

よって　　　$(s\vec{a}+t\vec{b}-\vec{b})\cdot\vec{a}=0$

ゆえに　　　$s|\vec{a}|^2+t\vec{a}\cdot\vec{b}-\vec{a}\cdot\vec{b}=0$

これに ① を代入して整理すると　　$4s+t-1=0$　…… ③

②，③ を解くと　　$s=\dfrac{1}{10}$，$t=\dfrac{3}{5}$　　　よって　　$\vec{OH}=\dfrac{1}{10}\vec{a}+\dfrac{3}{5}\vec{b}$　**答**

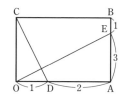

▆▆ **B** ▆▆

☐ **63**　$OA=3$，$OC=2$ である長方形 OABC がある。辺 OA を $1:2$ に内分する点をD，辺 AB を $3:1$ に内分する点をEとするとき，CD⊥OE であることを証明せよ。

☐ ***64**　$OA=6$，$OB=4$，$\angle AOB=60°$ である △OAB において，頂点Aから辺 OB に垂線 AC，頂点Bから辺 OA に垂線 BD を下ろす。線分 AC と線分 BD の交点をHとするとき，$\vec{OH}$ を $\vec{OA}$，$\vec{OB}$ を用いて表せ。

☐ ***65**　鋭角三角形 ABC の外心をO，辺 BC の中点をMとする。頂点Aから辺 BC に垂線 AN を下ろし，線分 AN 上に点Hを AH=2OM となるようにとると，Hは △ABC の垂心であることを証明せよ。

ヒント 65　$\vec{OA}=\vec{a}$，$\vec{OB}=\vec{b}$，$\vec{OC}=\vec{c}$ とし，$\vec{OH}$ を $\vec{a}$，$\vec{b}$，$\vec{c}$ を用いて表す。
　　Oは △ABC の外心であるから　$|\vec{a}|=|\vec{b}|=|\vec{c}|$

ベクトルを用いた等式の証明

例題 7

△ABC の重心を G，O を任意の点とする。このとき，次の等式が成り立つことを証明せよ。

$$OA^2+OB^2+OC^2=AG^2+BG^2+CG^2+3OG^2$$

指針 線分の 2 乗 　$OA^2=|\overrightarrow{OA}|^2$，
$AG^2=|\overrightarrow{OG}-\overrightarrow{OA}|^2=|\overrightarrow{OG}|^2+|\overrightarrow{OA}|^2-2\overrightarrow{OG}\cdot\overrightarrow{OA}$

解答 　$\overrightarrow{OA}=\vec{a}$，$\overrightarrow{OB}=\vec{b}$，$\overrightarrow{OC}=\vec{c}$，$\overrightarrow{OG}=\vec{g}$ とすると
　　　　$3\vec{g}=\vec{a}+\vec{b}+\vec{c}$
$OA^2+OB^2+OC^2-(AG^2+BG^2+CG^2+3OG^2)$
　$=|\vec{a}|^2+|\vec{b}|^2+|\vec{c}|^2-|\vec{g}-\vec{a}|^2-|\vec{g}-\vec{b}|^2-|\vec{g}-\vec{c}|^2-3|\vec{g}|^2$
　$=-6|\vec{g}|^2+2\vec{g}\cdot(\vec{a}+\vec{b}+\vec{c})$
　$=-6|\vec{g}|^2+6|\vec{g}|^2$
　$=0$
よって　　$OA^2+OB^2+OC^2=AG^2+BG^2+CG^2+3OG^2$　**終**

B

☐ **66** 平行四辺形 ABCD の対角線 BD の 3 等分点を，B に近い方から順に E，F とする。このとき，四角形 AECF は平行四辺形であることを証明せよ。

☐ **67** AB // DC である四角形 ABCD の辺 AD，BC 上にそれぞれ点 M，N があり，AM：MD＝1：2，BN：NC＝1：2 を満たすとする。次のことを証明せよ。

(1)　MN // AB 　　　(2)　3MN＝2AB＋CD

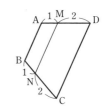

☐ ***68** △ABC の辺 BC の 3 等分点のうち，B に近い方を D とするとき，等式 $2AB^2+AC^2=3(AD^2+2BD^2)$ が成り立つことを証明せよ。

☐ ***69** △ABC において，AB＝3，AC＝2，∠A＝60°，外心を O とする。$\overrightarrow{AB}=\vec{b}$，$\overrightarrow{AC}=\vec{c}$ とするとき，$\overrightarrow{AO}=s\vec{b}+t\vec{c}$ を満たす実数 s，t の値を求めよ。

ヒント **67** (1) $\overrightarrow{MN}$ は $\overrightarrow{AB}$ と $\overrightarrow{DC}$ を用いて表される。
　　　(2) $\vec{a}$ と $\vec{b}$ の向きが同じならば 　$|\vec{a}+\vec{b}|=|\vec{a}|+|\vec{b}|$
　　69 辺 AB，AC の中点をそれぞれ M，N とすると，外心の性質より
　　　　OM⊥AB，ON⊥AC

6　ベクトル方程式

図形上の任意の点を $P(\vec{p})$ とし，s，t を実数とする。

1 **直線のベクトル方程式**

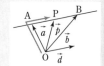

① 点 $A(\vec{a})$ を通り，$\vec{0}$ でないベクトル $\vec{d}$ に平行な直線
$$\vec{p}=\vec{a}+t\vec{d} \qquad (\vec{d} \text{ は直線の方向ベクトル})$$
$A(x_1,\ y_1)$，$P(x,\ y)$，$\vec{d}=(l,\ m)$ とすると
$$\begin{cases} x=x_1+lt \\ y=y_1+mt \end{cases}$$
t を消去すると　$m(x-x_1)-l(y-y_1)=0$

② 異なる2点 $A(\vec{a})$，$B(\vec{b})$ を通る直線
　[1] $\vec{p}=(1-t)\vec{a}+t\vec{b}$　　[2] $\vec{p}=s\vec{a}+t\vec{b}$　　ただし　$s+t=1$

注意　右上の図で，①　$\overrightarrow{AP}=t\vec{d}$　　②　$AP:PB=t:(1-t)=t:s$

2 **平面上の点の存在範囲**

① 異なる2点 $A(\vec{a})$，$B(\vec{b})$ に対して，点 $P(\vec{p})$ が
$$\vec{p}=s\vec{a}+t\vec{b},\ s+t=1,\ s\geqq0,\ t\geqq0$$
を満たしながら動くとき，点 $P(\vec{p})$ の存在範囲は，線分 AB である。

② △OAB に対して，点Pが
$$\overrightarrow{OP}=s\overrightarrow{OA}+t\overrightarrow{OB},\ 0\leqq s+t\leqq1,\ s\geqq0,\ t\geqq0$$
を満たしながら動くとき，点Pの存在範囲は，△OAB の周および内部である。

3 **直線と法線ベクトル**

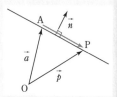

① 点 $A(\vec{a})$ を通り，$\vec{0}$ でないベクトル $\vec{n}$ に垂直な直線
$$\vec{n}\cdot(\vec{p}-\vec{a})=0 \qquad (\vec{n} \text{ は直線の法線ベクトル})$$
$A(x_1,\ y_1)$，$P(x,\ y)$，$\vec{n}=(a,\ b)$ とすると
$$a(x-x_1)+b(y-y_1)=0$$

② 直線 $ax+by+c=0$ において，$\vec{n}=(a,\ b)$ はその法線ベクトルである。

4 **円のベクトル方程式**

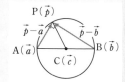

① 点 $C(\vec{c})$ を中心とする半径 r の円
$$|\vec{p}-\vec{c}|=r \quad \text{または} \quad (\vec{p}-\vec{c})\cdot(\vec{p}-\vec{c})=r^2$$

② 2点 $A(\vec{a})$，$B(\vec{b})$ を結ぶ線分 AB を直径とする円
$$(\vec{p}-\vec{a})\cdot(\vec{p}-\vec{b})=0$$

■ A ■

☐ **70** 次の点Aを通り，$\vec{d}$ が方向ベクトルである直線の媒介変数表示を，媒介変数を t として求めよ。また，t を消去した式で表せ。

(1)　$A(0,\ 1)$，$\vec{d}=(1,\ -2)$　　　　　*(2)　$A(2,\ -1)$，$\vec{d}=(-1,\ 2)$

☑ **71** 次の2点を通る直線の媒介変数表示を，媒介変数を t として求めよ。また，t を消去した式で表せ。

(1) A(1, 3)，B(2, 2)　　　　　*(2) A(2, 4)，B(1, −1)

☑ **72** 次の点Aを通り，$\vec{n}$ が法線ベクトルである直線の方程式を求めよ。

*(1) A(1, 2)，$\vec{n}=(1, -2)$　　　(2) A(3, −1)，$\vec{n}=\overrightarrow{OA}$，Oは原点

☑ **73** 次のような円，直線の方程式を，ベクトルを利用して求めよ。

(1) 点 O(0, 0) が中心で，半径2の円

*(2) 点 C(3, 2) が中心で，点 A(1, 1) を通る円

*(3) 2点 A(1, 4)，B(3, 0) を直径の両端とする円

(4) 中心が C(1, 2) の円に円上の点 A(4, −2) で接する直線

☑ **74** 次の2直線のなす鋭角 α を求めよ。

(1) $\sqrt{3}\,x+3y-1=0$，$-x+\sqrt{3}\,y-2=0$

*(2) $2x+4y+1=0$，$x-3y+7=0$

☑ **Aの** **まとめ** **75** (1) 点 A(2, −3) を通り，$\vec{d}=(2, -6)$ に平行な直線と垂直な直線の方程式を求め，$ax+by+c=0$ の形で答えよ。

(2) 中心が点 B(−2, 1) で，点 C(1, −3) を通る円の方程式と，点 C における円の接線の方程式を，ベクトルを利用して求めよ。

▦ **B** ▦

☑*76 $\vec{n}=(-1, \sqrt{3}\,)$ に垂直で，原点からの距離が4の直線の方程式を，ベクトルを利用して求めよ。

☑ **77** △ABC の重心をG，辺 BC の中点をMとし，$\overrightarrow{GA}=\vec{a}$，$\overrightarrow{GB}=\vec{b}$ とする。

(1) $\overrightarrow{AM}$，$\overrightarrow{GC}$ を $\vec{a}$，$\vec{b}$ を用いて表せ。

(2) 点Mを通り，辺 CA に平行な直線上の点をPとし，$\overrightarrow{GP}=\vec{p}$ とする。この直線のベクトル方程式を，$\vec{p}$，$\vec{a}$，$\vec{b}$ を用いて求めよ。

☑ **78** 直線 $3x+2y-6=0$ は $\vec{d}=(a, 3)$ に平行，$\vec{n}=(3, b)$ に垂直で，直線 $cx+2y-1=0$ に垂直に交わる。このとき，定数 a，b，c の値を求めよ。

☑*79 2直線 $\ell : (x, y)=(0, 3)+s(1, 2)$，$m : (x, y)=(6, 1)+t(-2, 3)$ について，次の問いに答えよ。ただし，s，t は媒介変数とする。

(1) ℓ と m の交点の座標を求めよ。

(2) 点 P(4, 1) から ℓ に垂線 PQ を下ろすとき，点Qの座標を求めよ。

ベクトル方程式（内積の利用）

例題 8

線分 AB の垂直二等分線を ℓ とし，ℓ 上の点をPとする。
(1) $\overrightarrow{OA}=\vec{a}$，$\overrightarrow{OB}=\vec{b}$，$\overrightarrow{OP}=\vec{p}$ として，ℓ のベクトル方程式を求めよ。
(2) A，B の座標を A(2, 6)，B(8, 2) として，ℓ の方程式を求めよ。

指針 **ベクトル方程式（内積の利用）** 垂直 $\longrightarrow$ （内積）$=0$ を利用する。
線分 AB の垂直二等分線 $\longrightarrow$ 線分 AB の中点を通り，AB に垂直な直線

解答 (1) 点Pは線分 AB の中点Mを通り，AB に垂直な
直線上にあるから
$$\overrightarrow{MP}\cdot\overrightarrow{AB}=0$$
ゆえに $(\overrightarrow{OP}-\overrightarrow{OM})\cdot(\overrightarrow{OB}-\overrightarrow{OA})=0$
よって $\left(\vec{p}-\dfrac{\vec{a}+\vec{b}}{2}\right)\cdot(\vec{b}-\vec{a})=0$ **答**

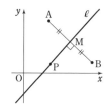

(2) $\vec{p}=(x, y)$ とする。
$$\dfrac{\vec{a}+\vec{b}}{2}=\left(\dfrac{2+8}{2}, \dfrac{6+2}{2}\right)=(5, 4),$$
$$\vec{b}-\vec{a}=(6, -4)$$
よって，(1)から $(x-5)\times 6+(y-4)\times(-4)=0$
したがって $3x-2y-7=0$ **答**

■■■ B ■■■

☐ *80 A(2, 6)，B(1, 1)，C(3, 4) とする。点Aを通り，直線 BC に垂直な直線の方程式を，ベクトルの内積を利用して求めよ。

☐ *81 A(1, 5)，B(5, 3) とする。線分 AB の垂直二等分線の方程式を，ベクトルの内積を利用して求めよ。

☐ 82 3点 A(1, 0)，B(0, 1)，C(2, 2) に対して，点Pが $|\overrightarrow{PA}+\overrightarrow{PB}+\overrightarrow{PC}|=3$ を満たしながら動くとき，点Pはどのような図形上にあるか。

☐ 83 原点Oと異なる定点Aに対して，動点Pがある。$\overrightarrow{OA}=\vec{a}$，$\overrightarrow{OP}=\vec{p}$ が次の条件を満たすとき，Pはどのような図形を描くか。
*(1) $|\vec{p}+2\vec{a}|=|\vec{p}-2\vec{a}|$ (2) $2\vec{a}\cdot\vec{p}=|\vec{a}||\vec{p}|$

■ 終点の存在範囲

例題 9

s, t は実数の変数とし，$2s+3t \le 6$, $s \ge 0$, $t \ge 0$ とする。$\vec{a}=(3, 1)$, $\vec{b}=(1, 4)$ として，$\overrightarrow{OP}=s\vec{a}+t\vec{b}$ で表される点Pの存在範囲を図示せよ。

指針 ベクトルの終点の存在範囲 [1] 図形的に考える（分点，k 倍）。

　　　　 [2] 原点を始点とする位置ベクトルの成分を (x, y) で表す。

解答 $2s+3t=k$（k は定数）とおくと　　　$0 \le k \le 6$

また，$s \ge 0$, $t \ge 0$ で　$\dfrac{2s}{k}+\dfrac{3t}{k}=1$（$k \ne 0$）

$\overrightarrow{OP}=s\vec{a}+t\vec{b}=\dfrac{2s}{k}\left(\dfrac{k}{2}\vec{a}\right)+\dfrac{3t}{k}\left(\dfrac{k}{3}\vec{b}\right)$

$\dfrac{2s}{k}=s'$, $\dfrac{3t}{k}=t'$, $\dfrac{k}{2}\vec{a}=\overrightarrow{OQ}$, $\dfrac{k}{3}\vec{b}=\overrightarrow{OR}$ とすると

$\overrightarrow{OP}=s'\overrightarrow{OQ}+t'\overrightarrow{OR}$,

$s'+t'=1$, $s' \ge 0$, $t' \ge 0$

s, t が変化すると，s', t' も変化し，Pは線分 QR 上を動く。

更に，k が 0 から 6 まで動くと，Q, R はそれぞれ図の線分 OA′，OB′ 上を動く。

よって，求める点Pの存在範囲は **図の斜線部分。ただし，境界線を含む。** **答**

■■■ **B** ■■■

☐*84 △OAB に対し，$\overrightarrow{OP}=s\overrightarrow{OA}+t\overrightarrow{OB}$ とする。実数 s, t が次の条件を満たすとき，点Pの存在範囲を求めよ。

(1) $s+t=\dfrac{1}{3}$, $s \ge 0$, $t \ge 0$ 　　　 (2) $s+t=4$

(3) $0 \le s+t \le 2$, $s \ge 0$, $t \ge 0$ 　　　 (4) $0 \le s \le 2$, $1 \le t \le 2$

☐ 85 O(0, 0), A(3, 1), B(1, 2) とする。実数 s, t が次の条件を満たすとき，$\overrightarrow{OP}=s\overrightarrow{OA}+t\overrightarrow{OB}$ で表される点Pの存在範囲を図示せよ。

(1) $s+t=2$ 　　　　　　　　　　　 *(2) $s+t=2$, $s \ge 0$

(3) $0 \le s+t \le 2$ 　　　　　　　　 *(4) $3s+2t \le 3$, $s \ge 0$, $t \ge 0$

(5) $0 \le s \le 1$, $0 \le t \le 1$ 　　　 (6) $s=2$, t：任意

■O(0, 0), A(−1, 0), B(3, 4) とする。次の式を満たす点Pの存在範囲を図示せよ。[**86**，**87**]

☐ 86 (1) $\overrightarrow{OP} \cdot \overrightarrow{OA}=1$ 　　　　　　 (2) $1 \le \overrightarrow{OP} \cdot \overrightarrow{OA} \le 3$

　　 *(3) $\overrightarrow{OP} \cdot \overrightarrow{OB}=-5$ 　　　　 (4) $-5 \le \overrightarrow{OP} \cdot \overrightarrow{OB} \le 10$

☐*87 (1) $\overrightarrow{AP} \cdot \overrightarrow{BP}=0$ 　　 (2) $|\overrightarrow{PA}|=|\overrightarrow{PB}|$ 　　 (3) $|\overrightarrow{PA}|=3|\overrightarrow{PB}|$

7　第1章　演習問題

ベクトルの不等式の証明

例題 10　次の不等式を証明せよ。
$$-|\vec{a}||\vec{b}| \leqq \vec{a}\cdot\vec{b} \leqq |\vec{a}||\vec{b}|$$

指針　内積の定義 $\vec{a}\cdot\vec{b}=|\vec{a}||\vec{b}|\cos\theta$（$\theta$ は $\vec{a}$, $\vec{b}$ のなす角）において，$-1\leqq\cos\theta\leqq1$ であることを利用する。

解答　[1]　$\vec{a}=\vec{0}$ または $\vec{b}=\vec{0}$ のとき
　　$\vec{a}\cdot\vec{b}=0$，$|\vec{a}||\vec{b}|=0$ であるから　　$-|\vec{a}||\vec{b}|=\vec{a}\cdot\vec{b}=|\vec{a}||\vec{b}|=0$
　　[2]　$\vec{a}\neq\vec{0}$ かつ $\vec{b}\neq\vec{0}$ のとき
　　$\vec{a}$, $\vec{b}$ のなす角を θ とすると　　$\vec{a}\cdot\vec{b}=|\vec{a}||\vec{b}|\cos\theta$　……　①
　　$-1\leqq\cos\theta\leqq1$ であるから　　$-|\vec{a}||\vec{b}|\leqq|\vec{a}||\vec{b}|\cos\theta\leqq|\vec{a}||\vec{b}|$
　　① から　　$-|\vec{a}||\vec{b}|\leqq\vec{a}\cdot\vec{b}\leqq|\vec{a}||\vec{b}|$
　　[1]，[2] から　　$-|\vec{a}||\vec{b}|\leqq\vec{a}\cdot\vec{b}\leqq|\vec{a}||\vec{b}|$　**終**

B

88　$\vec{0}$ でない2つのベクトル $\vec{a}$, $\vec{b}$ がある。$2\vec{a}-\vec{b}$ と $\vec{a}+3\vec{b}$ の大きさが等しく $\vec{a}$ と $\vec{b}$ の大きさも等しいとき，$\vec{a}$ と $\vec{b}$ のなす角を求めよ。

89　原点が中心で半径が4の円上の点Qと点 A(6, 2) とを結ぶ線分 QA の中点P の存在範囲をベクトルを利用して求めよ。

90　(1)　不等式 $|\vec{a}+\vec{b}|\leqq|\vec{a}|+|\vec{b}|$ を証明せよ。また，等号が成り立つのはどのようなときか。

　　(2)　不等式 $|2\vec{a}+3\vec{b}|\leqq2|\vec{a}|+3|\vec{b}|$ を証明せよ。

91　2つのベクトル $\vec{a}$, $\vec{b}$ について，$|\vec{a}+\vec{b}|=1$，$|\vec{a}-\vec{b}|=1$ であるとき，$|2\vec{a}-4\vec{b}|$ のとりうる値の最大値を求めよ。

発展

92　△ABC において，$\overrightarrow{AB}=\vec{b}$，$\overrightarrow{AC}=\vec{c}$ とする。辺BC，CA，AB 上にそれぞれ点 L，M，N があり，等式 $\overrightarrow{AL}+\overrightarrow{BM}+\overrightarrow{CN}=\vec{0}$ が成り立つとき，BL：LC＝CM：MA＝AN：NB であることを示せ。

ヒント **90** (1)　$\vec{a}\neq\vec{0}$，$\vec{b}\neq\vec{0}$ のとき，$\vec{a}=\vec{0}$ のとき，$\vec{b}=\vec{0}$ のときの3つの場合に分ける。
91　$\vec{a}+\vec{b}=\vec{p}$，$\vec{a}-\vec{b}=\vec{q}$ とおいて，$2\vec{a}-4\vec{b}$ を $\vec{p}$ と $\vec{q}$ を用いて表す。
92　BL：LC＝s：$(1-s)$，CM：MA＝t：$(1-t)$，AN：NB＝u：$(1-u)$ とおき，$s=t=u$ であることを示す。

■■三角形の形状

例題 11

3点 A，B，C の，点Oに関する位置ベクトル $\vec{a}$，$\vec{b}$，$\vec{c}$ が，$|\vec{a}|=|\vec{b}|=|\vec{c}|\neq 0$，$\vec{a}+\vec{b}+\vec{c}=\vec{0}$ を満たすとき，△ABC はどのような形の三角形か。

■指針■ **三角形の形状** [1] 辺の関係 [2] 2辺のなす角 などを調べる。

解答

$\vec{a}+\vec{b}+\vec{c}=\vec{0}$ から $\vec{c}=-\vec{a}-\vec{b}$ $\quad|\vec{b}|=|\vec{c}|$ から $|\vec{b}|^2=|\vec{c}|^2$

よって $|\vec{b}|^2=|-\vec{a}-\vec{b}|^2=|\vec{a}|^2+2\vec{a}\cdot\vec{b}+|\vec{b}|^2$

ゆえに $2\vec{a}\cdot\vec{b}=-|\vec{a}|^2$

$\vec{a}$ と $\vec{b}$ のなす角を θ とすると $2|\vec{a}||\vec{b}|\cos\theta=-|\vec{a}|^2$

$|\vec{a}|=|\vec{b}|\neq 0$ から $\cos\theta=-\dfrac{1}{2}$ $\quad$ よって $\theta=120°$

同様にして，$\vec{b}$ と $\vec{c}$，$\vec{c}$ と $\vec{a}$ のなす角も 120° である。

また，$|\vec{a}|=|\vec{b}|=|\vec{c}|$ であるから $\quad$ AB=BC=CA

したがって，△ABC は **正三角形** **答**

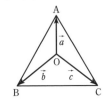

■■■ B ■■■

☐ **93** AB=4，AC=6，∠A=60° の △ABC において，頂点Aから辺 BC に下ろした垂線を AH とするとき，BH：HC を求めよ。また，AB の中点を M，AC を 2：13 に内分する点をNとするとき，BN⊥CM を示せ。

☐ **94** △OAB において $\overrightarrow{OA}=\vec{a}$，$\overrightarrow{OB}=\vec{b}$ とする。

(1) 点Pが次の条件を満たしながら動くとき，点Pの存在範囲を図示せよ。

$\overrightarrow{OP}=(2s+t)\vec{a}+(s-t)\vec{b}$，$s+t\leq 1$，$s\geq 0$，$t\geq 0$

(2) (1)において，点Pの存在範囲の面積は △OAB の面積の何倍か。

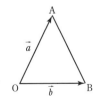

■■■ 発展 ■■■

☐ **95** (1) 一直線上にない3点 O，A，B に対して，∠AOB の二等分線上の点をP とするとき，$\overrightarrow{OP}=t\left(\dfrac{\overrightarrow{OA}}{|\overrightarrow{OA}|}+\dfrac{\overrightarrow{OB}}{|\overrightarrow{OB}|}\right)$（$t$ は実数）であることを示せ。

(2) 原点をOとし，A(12, 5)，B(-3, 4) とする。∠AOB の二等分線の方程式をベクトルを利用して求めよ。

☐ **96** △ABC において，$\overrightarrow{BC}\cdot\overrightarrow{CA}=\overrightarrow{CA}\cdot\overrightarrow{AB}=\overrightarrow{AB}\cdot\overrightarrow{BC}$ であるとき，△ABC はどのような形の三角形か。

ヒント **94** (1) $\overrightarrow{OP}=s(2\vec{a}+\vec{b})+t(\vec{a}-\vec{b})$ と変形できる。

95 (1) 二等辺三角形の性質を利用する。頂角の二等分線は，底辺の中点を通る。

第2章　空間のベクトル

8　空間の座標

1　**空間の点の座標**
　　① **座標**　3つの実数の組 (a, b, c) で, 空間の点の座標が定まる。
　　②　x 軸上の点 $(a, 0, 0)$　　　　y 軸上の点 $(0, b, 0)$　　　　z 軸上の点 $(0, 0, c)$
　　③　xy 平面上の点 $(a, b, 0)$　　yz 平面上の点 $(0, b, c)$　　zx 平面上の点 $(a, 0, c)$

2　**2点間の距離**
　　2点 $A(x_1, y_1, z_1)$, $B(x_2, y_2, z_2)$ 間の距離は
$$AB = \sqrt{(x_2-x_1)^2 + (y_2-y_1)^2 + (z_2-z_1)^2}$$
　　特に, 原点Oと点Aの距離は　　　$OA = \sqrt{x_1{}^2 + y_1{}^2 + z_1{}^2}$

■■A■■

☐*97　点 $P(-3, 6, -5)$ から, xy 平面, yz 平面, zx 平面に下ろした垂線をそれ
　　ぞれ PL, PM, PN とするとき, 3点 L, M, N の座標を求めよ。

☐ 98　xy 平面, z 軸, 原点に関して, 次の点と対称な点の座標を求めよ。
　　(1)　$(1, -1, 1)$　　　　　　　　　　　*(2)　$(-2, -3, 4)$

☐ 99　次の2点間の距離を求めよ。
　　(1)　$O(0, 0, 0)$, $A(2, -2, 1)$　　　　*(2)　$A(1, -2, 3)$, $B(3, 2, -2)$

☐ 100　次の3点を頂点とする △ABC はどのような形の三角形か。
　　(1)　$A(1, 1, 5)$, $B(4, 3, -1)$, $C(-2, 1, 2)$
　　*(2)　$A(1, 2, 3)$, $B(3, 1, 5)$, $C(2, 4, 3)$

☐ 101　2点 $P(1, 2, 3)$, $Q(2, 3, 4)$ から等距離にある x 軸上の点Aの座標を求め
　　よ。

☐*102　3点 $A(3, 1, 2)$, $B(-1, 3, 0)$, $C(2, -1, 1)$ から等距離にある yz 平面上
　　の点Pの座標を求めよ。

☐*103　正四面体の3つの頂点が $A(0, 1, -2)$, $B(3, 4, -2)$, $C(0, 4, 1)$ である
　　とき, 第4の頂点Dの座標を求めよ。

☐ **Aの**
　　まとめ　104　(1)　次の図形に関して, 点 $(2, 1, -3)$ と対称な点の座標を求めよ。
　　　　　　　　(ア)　yz 平面　　　　(イ)　原点　　　　　(ウ)　z 軸
　　　　　(2)　$A(-1, 1, 2)$, $B(-1, 3, 4)$, $C(1, 3, 2)$, $D(1, 1, 4)$ を頂点
　　　　　　　とする四面体は正四面体であることを示せ。

9　空間のベクトル，ベクトルの成分

1　空間のベクトル

平面の場合と同様に定義される。(p. 4 の要項を参照)

① 相等，加法 (和)，減法 (差)，実数倍，単位ベクトル，逆ベクトル，零ベクトル

② 演算法則

③ $\vec{a} \neq \vec{0}$，$\vec{b} \neq \vec{0}$ のとき　　$\vec{a} /\!/ \vec{b} \iff \vec{b} = k\vec{a}$ となる実数 k がある

④ $\overrightarrow{OA} + \overrightarrow{AC} = \overrightarrow{OC}$　　$\overrightarrow{OA} - \overrightarrow{OB} = \overrightarrow{BA}$　　$\overrightarrow{AA} = \vec{0}$　　$\overrightarrow{BA} = -\overrightarrow{AB}$

2　ベクトルの分解

4点 O，A，B，C は同じ平面上にないとし，$\overrightarrow{OA} = \vec{a}$，$\overrightarrow{OB} = \vec{b}$，$\overrightarrow{OC} = \vec{c}$ とする。

このとき，任意のベクトル $\vec{p}$ は，次の形にただ 1 通りに表すことができる。

$$\vec{p} = s\vec{a} + t\vec{b} + u\vec{c}　　　ただし s, t, u は実数$$

　注意　$s\vec{a} + t\vec{b} + u\vec{c} = s'\vec{a} + t'\vec{b} + u'\vec{c} \iff s = s',\ t = t',\ u = u'$

3　ベクトルの成分

$\vec{a} = (a_1, a_2, a_3)$，$\vec{b} = (b_1, b_2, b_3)$ とする。

① **相等**　$\vec{a} = \vec{b} \iff a_1 = b_1,\ a_2 = b_2,\ a_3 = b_3$

② **大きさ**　$|\vec{a}| = \sqrt{a_1{}^2 + a_2{}^2 + a_3{}^2}$

③ **演算**　k，l が実数のとき

$$k(a_1, a_2, a_3) + l(b_1, b_2, b_3) = (ka_1 + lb_1,\ ka_2 + lb_2,\ ka_3 + lb_3)$$

4　$\overrightarrow{AB}$ の成分と大きさ

$A(a_1, a_2, a_3)$，$B(b_1, b_2, b_3)$ について

$$\overrightarrow{AB} = (b_1 - a_1,\ b_2 - a_2,\ b_3 - a_3)$$

$$|\overrightarrow{AB}| = \sqrt{(b_1 - a_1)^2 + (b_2 - a_2)^2 + (b_3 - a_3)^2}$$

■■ A ■■

☑ **105** 右の図のような平行六面体 ABCD-EFGH にお
いて，次のベクトルを $\vec{b}$，$\vec{d}$，$\vec{e}$ を用いて表せ。

(1) $\overrightarrow{AF}$　　　　　　*(2) $\overrightarrow{DG}$

(3) $\overrightarrow{BH}$　　　　　　*(4) $\overrightarrow{CE}$

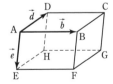

☑ **106** 四面体 ABCD において，次の等式が成り立つことを証明せよ。

(1) $\overrightarrow{BC} + \overrightarrow{CA} + \overrightarrow{AD} + \overrightarrow{DB} = \vec{0}$　　　　*(2) $\overrightarrow{AB} - \overrightarrow{CD} = \overrightarrow{AC} - \overrightarrow{BD}$

☑ **107** $\vec{a} = (1, -1, 2)$，$\vec{b} = (0, 2, 1)$ のとき，次のベクトルを成分表示せよ。

(1) $3\vec{a}$　　　　　　　　　　　　(2) $\vec{a} + \vec{b}$

*(3) $2\vec{a} + 3\vec{b}$　　　　　　　　　　(4) $3\vec{a} - 2\vec{b}$

☑ **108** A$(0, 1, 2)$, B$(1, -1, 1)$, C$(2, 1, -1)$ のとき，次のベクトルを成分表示せよ。また，その大きさを求めよ。

(1) $\overrightarrow{AB}$ *(2) $\overrightarrow{BC}$ (3) $\overrightarrow{CA}$

☑ **109** $\vec{a} = (3, y, z)$, $\vec{b} = (x, 1, -1)$ のとき，$2\vec{a} - \vec{b} = \vec{0}$ が成り立つように，x, y, z の値を定めよ。

☑ **110** $\vec{a} = (1, 2, 3)$, $\vec{b} = (0, 2, 5)$, $\vec{c} = (1, 3, 1)$ のとき，次のベクトルを $s\vec{a} + t\vec{b} + u\vec{c}$ の形に表せ。

*(1) $\vec{p} = (0, 3, 12)$ (2) $\vec{q} = (-2, 2, 9)$

☑ ■**A**の■
　　まとめ **111** (1) 平行六面体 ABCD-EFGH において，$\overrightarrow{DF} + \overrightarrow{GB}$ を $\overrightarrow{AB} = \vec{b}$, $\overrightarrow{AD} = \vec{d}$, $\overrightarrow{AE} = \vec{e}$ を用いて表せ。

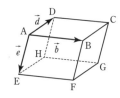

(2) $\vec{a} = (2, 3, -1)$, $\vec{b} = (1, -1, 2)$, $\vec{c} = (2, -2, 3)$ のとき，$-2(\vec{a} + 2\vec{b} - \vec{c}) + 2\vec{b} - 6\vec{c}$ を成分表示せよ。また，その大きさを求めよ。

☑ **112** 4点 A$(1, 2, 4)$, B$(4, -1, 5)$, C$(2, -3, 2)$, D$(2, 9, 9)$ を頂点とする四角形は，台形であることを示せ。

☑ **113** 平行六面体 ABCD-EFGH において，次の等式が成り立つことを証明せよ。

(1) $\overrightarrow{AG} - \overrightarrow{BH} = \overrightarrow{DF} - \overrightarrow{CE}$

*(2) $3\overrightarrow{BH} + 2\overrightarrow{DF} = 2\overrightarrow{AG} + 3\overrightarrow{CE} + 2\overrightarrow{BC}$

☑***114** 平行六面体 ABCD-EFGH において，$\overrightarrow{AB}$, $\overrightarrow{AD}$, $\overrightarrow{AG}$ を $\overrightarrow{AC} = \vec{c}$, $\overrightarrow{AF} = \vec{f}$, $\overrightarrow{AH} = \vec{h}$ を用いて表せ。

☑ **115** 4点 O$(0, 0, 0)$, A$(0, 2, 0)$, B$(-1, 1, 2)$, C$(0, 1, 3)$ と点 P(x, y, z) について，$|\overrightarrow{OP}| = |\overrightarrow{AP}| = |\overrightarrow{BP}| = |\overrightarrow{CP}|$ のとき，x, y, z の値を求めよ。

■ 平行六面体の頂点の座標

例題 12
4点 A(1, −1, −1)，B(2, 2, 3)，C(−1, −2, 4)，D(3, −3, 1) がある。線分 AB，AC，AD を3辺とする平行六面体の他の頂点の座標を求めよ。

指針 **平行六面体** すべての面が平行四辺形
平行六面体を ABFD-CEHG とし，座標空間の原点をOとすると，例えば，四角形 ABEC が平行四辺形であるから $\overrightarrow{OE}=\overrightarrow{OB}+\overrightarrow{BE}=\overrightarrow{OB}+\overrightarrow{AC}$
このことから $\overrightarrow{OE}$ の成分が求められる。

解答 平行六面体を ABFD-CEHG とし，座標空間の原点をOとする。

$$\overrightarrow{AB}=(2-1,\ 2+1,\ 3+1)=(1,\ 3,\ 4)$$
$$\overrightarrow{AC}=(-1-1,\ -2+1,\ 4+1)=(-2,\ -1,\ 5)$$
$$\overrightarrow{AD}=(3-1,\ -3+1,\ 1+1)=(2,\ -2,\ 2)$$

四角形 ABEC，ABFD，ACGD，BEHF は平行四辺形であるから

$$\overrightarrow{OE}=\overrightarrow{OB}+\overrightarrow{BE}=\overrightarrow{OB}+\overrightarrow{AC}$$
$$\quad =(2,\ 2,\ 3)+(-2,\ -1,\ 5)=(0,\ 1,\ 8)$$
$$\overrightarrow{OF}=\overrightarrow{OB}+\overrightarrow{BF}=\overrightarrow{OB}+\overrightarrow{AD}=(2,\ 2,\ 3)+(2,\ -2,\ 2)=(4,\ 0,\ 5)$$
$$\overrightarrow{OG}=\overrightarrow{OC}+\overrightarrow{CG}=\overrightarrow{OC}+\overrightarrow{AD}=(-1,\ -2,\ 4)+(2,\ -2,\ 2)=(1,\ -4,\ 6)$$
$$\overrightarrow{OH}=\overrightarrow{OF}+\overrightarrow{FH}=\overrightarrow{OF}+\overrightarrow{AC}=(4,\ 0,\ 5)+(-2,\ -1,\ 5)=(2,\ -1,\ 10)$$

答 (0, 1, 8)，(4, 0, 5)，(1, −4, 6)，(2, −1, 10)

B

□ *116 $\vec{a}=(0,\ -4,\ 2)$，$\vec{b}=(2,\ 1,\ -1)$ のとき，$\vec{x}=\vec{a}+t\vec{b}$（ t は実数）の大きさが最小となる $\vec{x}$ を求めよ。

□ 117 平行四辺形の3つの頂点が A(2, 1, −3)，B(−1, 5, −2)，C(4, 3, −1) のとき，第4の頂点Dの座標を求めよ。

□ *118 4点 A(1, 1, 2)，B(0, −4, 0)，C(−1, 1, −2)，D(2, 3, 5) がある。線分 AB，AC，AD を3辺とする平行六面体の他の頂点の座標を求めよ。

□ 119 $\vec{a}=(1,\ 1,\ 1)$，$\vec{b}=(1,\ -1,\ 3)$，$\vec{c}=(-2,\ 3,\ -1)$ とする。x，y を実数とするとき，$|x\vec{a}+y\vec{b}+\vec{c}|$ の最小値と，そのときの x，y の値を求めよ。

10 ベクトルの内積

1 内積 空間の $\vec{0}$ でない2つのベクトル $\vec{a}$, $\vec{b}$ のなす角を θ とすると
$$\vec{a} \cdot \vec{b} = |\vec{a}||\vec{b}|\cos\theta$$
注意 $\vec{a} = \vec{0}$ または $\vec{b} = \vec{0}$ のときは、$\vec{a}$ と $\vec{b}$ の内積を $\vec{a} \cdot \vec{b} = 0$ と定める。

2 内積の性質 平面の場合と同様。(p.9 の要項を参照)
① $\vec{a} \cdot \vec{b} = \vec{b} \cdot \vec{a}$, $\quad \vec{a} \cdot \vec{a} = |\vec{a}|^2$, $\quad |\vec{a}| = \sqrt{\vec{a} \cdot \vec{a}}$
$(\vec{a}+\vec{b}) \cdot \vec{c} = \vec{a} \cdot \vec{c} + \vec{b} \cdot \vec{c}$, $\quad \vec{a} \cdot (\vec{b}+\vec{c}) = \vec{a} \cdot \vec{b} + \vec{a} \cdot \vec{c}$
$(k\vec{a}) \cdot \vec{b} = \vec{a} \cdot (k\vec{b}) = k(\vec{a} \cdot \vec{b})$ $\quad$ ただし k は実数
② $\vec{0}$ でない2つのベクトル $\vec{a}$ と $\vec{b}$ のなす角を θ とすると
$$\cos\theta = \frac{\vec{a} \cdot \vec{b}}{|\vec{a}||\vec{b}|} \qquad ただし \quad 0° \le \theta \le 180°$$

3 内積と成分 $\vec{a} = (a_1, a_2, a_3)$, $\vec{b} = (b_1, b_2, b_3)$ とする。
① $\vec{a} \cdot \vec{b} = a_1 b_1 + a_2 b_2 + a_3 b_3$
② $\vec{a} \ne \vec{0}$, $\vec{b} \ne \vec{0}$ のとき
$\vec{a} \perp \vec{b} \iff \vec{a} \cdot \vec{b} = 0$, $\qquad \vec{a} \perp \vec{b} \iff a_1 b_1 + a_2 b_2 + a_3 b_3 = 0$
注意 平面上のベクトルに対して、z 成分が増えただけである。

■■ A ■■

☐ **120** 右の図のような AD＝AE＝1，AB＝$\sqrt{3}$
の直方体において，次の内積を求めよ。

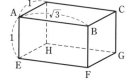

(1) $\overrightarrow{AD} \cdot \overrightarrow{AB}$ $\qquad$ *(2) $\overrightarrow{AD} \cdot \overrightarrow{AC}$
(3) $\overrightarrow{AB} \cdot \overrightarrow{DC}$ $\qquad$ *(4) $\overrightarrow{AB} \cdot \overrightarrow{CG}$
(5) $\overrightarrow{AD} \cdot \overrightarrow{BG}$ $\qquad$ *(6) $\overrightarrow{AD} \cdot \overrightarrow{GE}$

☐ **121** 次の $\vec{a}$, $\vec{b}$ の内積と，そのなす角 θ を求めよ。
(1) $\vec{a} = (1, 1, 0)$, $\vec{b} = (1, 2, -2)$
(2) $\vec{a} = (3, 5, 2)$, $\vec{b} = (-3, 1, 2)$
*(3) $\vec{a} = (1, -1, 1)$, $\vec{b} = (1, \sqrt{6}, -1)$

☐ **122** 次の $\vec{m}$, $\vec{n}$ が垂直になるように，a, b の値を定めよ。
*(1) $\vec{m} = (2, 1, 3)$, $\vec{n} = (1, 1, a)$
(2) $\vec{m} = (1, 2, b)$, $\vec{n} = (-b^2, -1, 3)$

☐***123** 2つのベクトル $\vec{a} = (0, 2, 1)$, $\vec{b} = (2, -2, 1)$ の両方に垂直で，大きさが3
であるベクトルを求めよ。

☐ ■**A の**
まとめ **124** 3点 A$(0, 2, 3)$，B$(2, 0, 4)$，C$(1, -2, 2)$ について
(1) $\overrightarrow{AB} \cdot \overrightarrow{AC}$ を求めよ。 $\qquad$ (2) $\angle BAC$ の大きさを求めよ。

■ ベクトルのなす角

例題 13　$\vec{a}=(2,\ -1,\ 0)$, $\vec{b}=(-1,\ 2,\ 1)$ のとき, $\vec{p}=\vec{a}+t\vec{b}$ が x 軸の正の向きと $45°$ の角をなすように, 実数 t の値を定めよ。

指針　**座標軸とベクトル**　x 軸の正の向きを表すベクトルの 1 つは　$\vec{e}=(1,\ 0,\ 0)$

解答　$\vec{p}=(2-t,\ -1+2t,\ t)$ と $\vec{e}=(1,\ 0,\ 0)$ のなす角が $45°$ であるから

$$\vec{p}\cdot\vec{e}=|\vec{p}||\vec{e}|\cos 45°$$

よって　$2-t=\sqrt{(2-t)^2+(-1+2t)^2+t^2}\cdot 1\cdot\dfrac{1}{\sqrt{2}}$　……①

① の右辺は正であるから　$2-t>0$　すなわち　$t<2$

① の両辺を 2 乗して整理すると　$t^2=\dfrac{3}{4}$　　　　ゆえに　　$t=\pm\dfrac{\sqrt{3}}{2}$

$t<2$ を満たすから, 求める t の値は　　$t=\pm\dfrac{\sqrt{3}}{2}$　**答**

B

125 ベクトル $\vec{a}=(x,\ -5,\ 3)$ と $\vec{b}=(1,\ -1,\ 2)$ が $30°$ の角をなすとき, x の値を求めよ。

*126 $\vec{a}=(0,\ -2,\ 2\sqrt{3}\ )$ が x 軸, y 軸, z 軸の正の向きとなす角をそれぞれ α, β, γ とするとき, α, β, γ の値を求めよ。

127 大きさが 2 で, x 軸の正の向きとなす角が $45°$, y 軸の正の向きとなす角が $60°$ であるような空間のベクトルを成分表示せよ。また, そのベクトルが z 軸の正の向きとなす角は何度か。

*128 A$(2,\ -3,\ -1)$, B$(3,\ -1,\ -2)$, C$(4,\ -4,\ 1)$ とする。
(1) $\overrightarrow{AB}$, $\overrightarrow{AC}$ のなす角を θ とするとき, $\cos\theta$ を求めよ。
(2) $\triangle ABC$ の面積を求めよ。

*129 1 辺の長さが 2 の正四面体 OABC において, 辺 BC の中点を M とする。次のものを求めよ。
(1) $\overrightarrow{OA}\cdot\overrightarrow{OM}$　　　　　　　　(2) $\cos\angle AOM$ の値

130 空間の 3 つのベクトル $\vec{a}$, $\vec{b}$, $\vec{c}$ に対して, $|\vec{a}|=6$, $|\vec{c}|=1$, $\vec{a}$ と $\vec{b}$ のなす角は $60°$, また, $\vec{a}$ と $\vec{c}$, $\vec{b}$ と $\vec{c}$, $\vec{a}+\vec{b}+\vec{c}$ と $2\vec{a}-5\vec{b}$ のなす角は, いずれも $90°$ である。このとき, $|\vec{b}|$, $|\vec{a}+\vec{b}+\vec{c}|$ を求めよ。

ヒント **130** まず, 条件を式で表す。$\vec{a}\cdot\vec{b}=6|\vec{b}|\cos 60°$, $\vec{a}\cdot\vec{c}=0$, $\vec{b}\cdot\vec{c}=0$,
$(\vec{a}+\vec{b}+\vec{c})\cdot(2\vec{a}-5\vec{b})=0$ → $|\vec{b}|$ についての方程式が得られる。

11 位置ベクトルと図形

1　空間の位置ベクトルと内分点・外分点　平面の場合と同様。($p.$ 12 の要項を参照)
$\overrightarrow{AB}$，内分点・外分点，重心について，平面の場合と同様のことが成り立つ。

2　一直線上の点　2点 A，B が異なるとき
点Pが直線 AB 上にある $\iff$ $\overrightarrow{AP}=k\overrightarrow{AB}$ となる実数 k がある

3　同じ平面上にある点　一直線上にない3点 A，B，C と点Pに対して
① 点Pが平面 ABC 上にある $\iff$ $\overrightarrow{CP}=s\overrightarrow{CA}+t\overrightarrow{CB}$ となる実数 s，t がある
② 点P($\vec{p}$) が3点 A($\vec{a}$)，B($\vec{b}$)，C($\vec{c}$) の定める平面 ABC 上にある
$\qquad\qquad \iff \vec{p}=s\vec{a}+t\vec{b}+u\vec{c}$，$s+t+u=1$ となる実数 s，t，u がある

4　空間ベクトルの相等（同じ平面上にない4点 O，A，B，C）
$\overrightarrow{OA}=\vec{a}$，$\overrightarrow{OB}=\vec{b}$，$\overrightarrow{OC}=\vec{c}$ とし，s，t，u，s'，t'，u' を実数とするとき
$\qquad s\vec{a}+t\vec{b}+u\vec{c}=s'\vec{a}+t'\vec{b}+u'\vec{c} \iff s=s'$，$t=t'$，$u=u'$
特に　$s\vec{a}+t\vec{b}+u\vec{c}=\vec{0} \iff s=t=u=0$

■A■

☐ **131** A($\vec{a}$)，B($\vec{b}$)，C($\vec{c}$)，D($\vec{d}$) を頂点とする四面体の辺 BC を 1：2 に内分する点をP，線分 DP を 3：2 に外分する点をQ，線分 AQ の中点をRとする。次の点の位置ベクトルを $\vec{a}$，$\vec{b}$，$\vec{c}$，$\vec{d}$ を用いて表せ。
(1)　点P　　　　　　　*(2)　点Q　　　　　　　(3)　点R

☐ **132** 右の正八面体 ABCDEF において，$\overrightarrow{AB}=\vec{b}$，
$\overrightarrow{AC}=\vec{c}$，$\overrightarrow{AD}=\vec{d}$ とする。△DEF の重心を
Gとするとき，次のベクトルを $\vec{b}$，$\vec{c}$，$\vec{d}$ を
用いて表せ。
(1)　$\overrightarrow{AE}$　　　　(2)　$\overrightarrow{AF}$　　　　*(3)　$\overrightarrow{AG}$

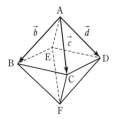

☐***133**　3点 A(a，-1，5)，B(4，b，-7)，C(5，5，-13) が一直線上にあるように，a，bの値を定めよ。

☐***134**　次の4点が同じ平面上にあるように，aの値を定めよ。
$\qquad$ A(3，1，2)，B(4，2，3)，C(5，2，5)，D(-2，-1，a)

☐ **Aの　135**　4点 O(0，0，0)，A(1，2，3)，B(-1，3，-2)，C(k，l，5)，
まとめ　　　　　D(m，12，5) について
(1)　3点 A，B，C が一直線上にあるように，k，l の値を定めよ。
(2)　4点 O，A，B，D が同じ平面上にあるように m の値を定めよ。

平面上の点のベクトル表現

例題 14 平行六面体 OADB-CEFG において，辺 GF の中点をM，直線 OM と平面 ABC の交点をKとする。$\overrightarrow{OA}=\vec{a}$，$\overrightarrow{OB}=\vec{b}$，$\overrightarrow{OC}=\vec{c}$ とするとき，$\overrightarrow{OK}$ を $\vec{a}$，$\vec{b}$，$\vec{c}$ を用いて表せ。

指針 **平面上の点** 点Kが平面 ABC 上にある

$\Longleftrightarrow$ $\overrightarrow{AK}=s\overrightarrow{AB}+t\overrightarrow{AC}$ となる実数 s，t がある

$\Longleftrightarrow$ $\overrightarrow{OK}=s\overrightarrow{OA}+t\overrightarrow{OB}+u\overrightarrow{OC}$，$s+t+u=1$ となる実数 s，t，u がある

解答 $\overrightarrow{OM}=\overrightarrow{OB}+\overrightarrow{BG}+\overrightarrow{GM}=\vec{b}+\vec{c}+\dfrac{1}{2}\vec{a}$

Kは直線 OM 上にあるから，$\overrightarrow{OK}=k\overrightarrow{OM}$ となる実数 k がある。よって

$$\overrightarrow{OK}=k\left(\dfrac{1}{2}\vec{a}+\vec{b}+\vec{c}\right)=\dfrac{k}{2}\vec{a}+k\vec{b}+k\vec{c} \quad\cdots\cdots ①$$

また，Kは平面 ABC 上にあるから，

$\overrightarrow{AK}=s\overrightarrow{AB}+t\overrightarrow{AC}$ となる実数 s，t がある。ゆえに

$$\overrightarrow{OK}=\overrightarrow{OA}+\overrightarrow{AK}=\vec{a}+s(\vec{b}-\vec{a})+t(\vec{c}-\vec{a})=(1-s-t)\vec{a}+s\vec{b}+t\vec{c} \quad\cdots\cdots ②$$

①，② から $\dfrac{k}{2}\vec{a}+k\vec{b}+k\vec{c}=(1-s-t)\vec{a}+s\vec{b}+t\vec{c}$

4点 O，A，B，C は同じ平面上にないから $\dfrac{k}{2}=1-s-t$，$k=s$，$k=t$

よって $\dfrac{k}{2}=1-k-k$ ゆえに $k=\dfrac{2}{5}$

したがって $\overrightarrow{OK}=\dfrac{1}{5}\vec{a}+\dfrac{2}{5}\vec{b}+\dfrac{2}{5}\vec{c}$ **答**

別解 （① までは同じ） Kは平面 ABC 上にあるから，① より

$$\dfrac{k}{2}+k+k=1 \qquad これを解くと \qquad k=\dfrac{2}{5}$$

したがって $\overrightarrow{OK}=\dfrac{1}{5}\vec{a}+\dfrac{2}{5}\vec{b}+\dfrac{2}{5}\vec{c}$ **答**

▦ B ▦

☑ ***136** 平行六面体 ABCD-EFGH の辺 AE の中点をP，線分 PC を $1:2$ に内分する点をQとするとき，3点 A，Q，G は一直線上にあることを示せ。

☑ ***137** 四面体 OABC の辺 OA，OB，OC をそれぞれ $1:1$，$2:1$，$5:1$ に内分する点をP，Q，Rとし，点Oと △PQR の重心Gを通る直線が平面 ABC と交わる点をKとする。$\overrightarrow{OA}=\vec{a}$，$\overrightarrow{OB}=\vec{b}$，$\overrightarrow{OC}=\vec{c}$ とするとき，$\overrightarrow{OK}$ を $\vec{a}$，$\vec{b}$，$\vec{c}$ を用いて表せ。

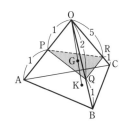

立体図形の証明（ベクトル利用）

例題 15　正四面体 ABCD において，次のことを証明せよ。
(1) $\overrightarrow{AB}\cdot\overrightarrow{AC}=\overrightarrow{AC}\cdot\overrightarrow{AD}=\overrightarrow{AD}\cdot\overrightarrow{AB}$ 　　(2) AB⊥CD

指針　**立体図形の証明**　同一平面上にない3つのベクトルを決める。
ここでは，$\overrightarrow{AB}$，$\overrightarrow{AC}$，$\overrightarrow{AD}$ を用いて，証明する。

解答　(1)　$\overrightarrow{AB}=\vec{b}$，$\overrightarrow{AC}=\vec{c}$，$\overrightarrow{AD}=\vec{d}$ とすると，△ABC，△ACD，△ABD はいずれも
正三角形であるから　$|\vec{b}|=|\vec{c}|=|\vec{d}|$

よって　$\overrightarrow{AB}\cdot\overrightarrow{AC}=|\vec{b}||\vec{c}|\cos 60°=\dfrac{1}{2}|\vec{b}|^2$

$\overrightarrow{AC}\cdot\overrightarrow{AD}=|\vec{c}||\vec{d}|\cos 60°=\dfrac{1}{2}|\vec{b}|^2$

$\overrightarrow{AD}\cdot\overrightarrow{AB}=|\vec{d}||\vec{b}|\cos 60°=\dfrac{1}{2}|\vec{b}|^2$

ゆえに　$\overrightarrow{AB}\cdot\overrightarrow{AC}=\overrightarrow{AC}\cdot\overrightarrow{AD}=\overrightarrow{AD}\cdot\overrightarrow{AB}$　終
(2)　(1)より　$\overrightarrow{AB}\cdot\overrightarrow{CD}=\overrightarrow{AB}\cdot(\overrightarrow{AD}-\overrightarrow{AC})=\overrightarrow{AB}\cdot\overrightarrow{AD}-\overrightarrow{AB}\cdot\overrightarrow{AC}=0$
$\overrightarrow{AB}\neq\vec{0}$，$\overrightarrow{CD}\neq\vec{0}$ であるから　$\overrightarrow{AB}\perp\overrightarrow{CD}$ すなわち　AB⊥CD　終

☐ **138**　四面体 ABCD の辺 AB，BC，CD をそれぞれ 5:3，3:1，7:1 に内分する点を P，Q，R とする。△BCD，△PQR の重心をそれぞれ G，H とするとき，A，H，G は一直線上にあることを示せ。また，AH:HG を求めよ。

☐ *__139__*　四面体 ABCD の辺 BC の中点を P，線分 PD の中点を Q，線分 AQ の中点をRとする。また，直線 BR と平面 ACD の交点をSとする。
(1)　$\overrightarrow{AS}$ を $\overrightarrow{AC}=\vec{c}$，$\overrightarrow{AD}=\vec{d}$ を用いて表せ。
(2)　直線 AS と CD の交点をTとするとき，CT:TD を求めよ。

☐ **140**　四面体 ABCD の辺 AC，BD を 3:2 に内分する点をそれぞれ M，N とするとき，等式 $\overrightarrow{AB}+\overrightarrow{AD}+\overrightarrow{CB}+2\overrightarrow{CD}=5\overrightarrow{MN}$ が成り立つことを証明せよ。

☐ **141**　四面体 ABCD に対して，等式 $\overrightarrow{AP}+3\overrightarrow{BP}+4\overrightarrow{CP}+8\overrightarrow{DP}=\vec{0}$ を満たす点Pはどのような位置にあるか。

☐ *__142__*　四面体 ABCD において，
AB⊥CD，AC⊥DB ならば $AB^2+CD^2=AC^2+DB^2=AD^2+BC^2$
であることを証明せよ。

■ 垂線との交点

例題 16

O$(0, 0, 0)$, A$(0, -4, 2)$, B$(1, -4, 1)$, C$(0, -3, 3)$ がある。次のような点 H, K の座標を求めよ。
(1) O から直線 BC に垂線 OH を下ろす。
(2) O から平面 ABC に垂線 OK を下ろす。

指針 直線，平面に引いた垂線との交点　(1) $\overrightarrow{OH} = \overrightarrow{OB} + t\overrightarrow{BC}$, $\overrightarrow{OH} \perp \overrightarrow{BC}$
(2) $\overrightarrow{AK} = s\overrightarrow{AB} + t\overrightarrow{AC}$, $\overrightarrow{OK} \perp \overrightarrow{AB}$, $\overrightarrow{OK} \perp \overrightarrow{AC}$

解答
(1) H は直線 BC 上にあるから，$\overrightarrow{OH} = \overrightarrow{OB} + t\overrightarrow{BC}$ となる実数 t がある。
$\overrightarrow{BC} = (-1, 1, 2)$ であるから
$$\overrightarrow{OH} = (1, -4, 1) + t(-1, 1, 2) = (-t+1, t-4, 2t+1)$$
$\overrightarrow{OH} \perp \overrightarrow{BC}$ より，$\overrightarrow{OH} \cdot \overrightarrow{BC} = 0$ であるから
$$-(-t+1) + (t-4) + 2(2t+1) = 0$$
これを解いて　$t = \dfrac{1}{2}$　　　したがって　H$\left(\dfrac{1}{2}, -\dfrac{7}{2}, 2\right)$ **答**

(2) K は平面 ABC 上にあるから，$\overrightarrow{AK} = s\overrightarrow{AB} + t\overrightarrow{AC}$ となる実数 s, t がある。
よって
$$\overrightarrow{OK} = \overrightarrow{OA} + \overrightarrow{AK} = \overrightarrow{OA} + s(\overrightarrow{OB} - \overrightarrow{OA}) + t(\overrightarrow{OC} - \overrightarrow{OA})$$
$$= (1-s-t)\overrightarrow{OA} + s\overrightarrow{OB} + t\overrightarrow{OC}$$
$$= (s, t-4, -s+t+2)$$
直線 OK は平面 ABC に垂直であるから　　$\overrightarrow{OK} \perp \overrightarrow{AB}$, $\overrightarrow{OK} \perp \overrightarrow{AC}$
ここで　$\overrightarrow{AB} = (1, 0, -1)$, $\overrightarrow{AC} = (0, 1, 1)$
$\overrightarrow{OK} \cdot \overrightarrow{AB} = 0$ から　$s - (-s+t+2) = 0$　すなわち　$2s - t - 2 = 0$
$\overrightarrow{OK} \cdot \overrightarrow{AC} = 0$ から　$t - 4 + (-s+t+2) = 0$　すなわち　$-s + 2t - 2 = 0$
これを解いて　$s = 2$, $t = 2$　　　したがって　K$(2, -2, 2)$ **答**

■■■ B ■■■

143 (1)　2 点 A$(5, -2, -3)$, B$(8, 0, -4)$ を通る直線に，原点 O から垂線 OH を下ろす。このとき，点 H の座標と線分 OH の長さを求めよ。

*(2)　2 点 A$(0, -2, -3)$, B$(8, 4, 7)$ を通る直線に，点 P$(3, -1, 4)$ から垂線 PH を下ろす。このとき，点 H の座標と線分 PH の長さを求めよ。

144　3 点 A$(3, 6, 0)$, B$(1, 4, 0)$, C$(0, 5, 4)$ の定める平面に，点 P$(3, 4, 5)$ から垂線 PH を下ろす。このとき，線分 PH の長さと点 H の座標を求めよ。

*145　原点 O と 3 点 A$(1, -2, 3)$, B$(-1, 2, 3)$, C$(1, 2, -3)$ を頂点とする四面体 OABC の体積を求めよ。

12 座標空間における図形

1 線分の内分点・外分点の座標

2点 $A(x_1, y_1, z_1)$, $B(x_2, y_2, z_2)$ を結ぶ線分 AB を

$m : n$ に内分する点の座標は $\left(\dfrac{nx_1+mx_2}{m+n}, \dfrac{ny_1+my_2}{m+n}, \dfrac{nz_1+mz_2}{m+n} \right)$

$m : n$ に外分する点の座標は $\left(\dfrac{-nx_1+mx_2}{m-n}, \dfrac{-ny_1+my_2}{m-n}, \dfrac{-nz_1+mz_2}{m-n} \right)$

2 座標軸に垂直な平面の方程式

点 $P(a, b, c)$ を通り, x 軸に垂直な平面の方程式は $x=a$ [yz 平面に平行]

点 $P(a, b, c)$ を通り, y 軸に垂直な平面の方程式は $y=b$ [zx 平面に平行]

点 $P(a, b, c)$ を通り, z 軸に垂直な平面の方程式は $z=c$ [xy 平面に平行]

3 球面の方程式

① 中心が点 (a, b, c), 半径が r の球面の方程式は $(x-a)^2+(y-b)^2+(z-c)^2=r^2$

特に, 中心が原点, 半径が r の球面の方程式は $x^2+y^2+z^2=r^2$

② **一般形** $x^2+y^2+z^2+Ax+By+Cz+D=0$ ただし $A^2+B^2+C^2-4D>0$

中心が点 $\left(-\dfrac{A}{2}, -\dfrac{B}{2}, -\dfrac{C}{2} \right)$, 半径が $\dfrac{\sqrt{A^2+B^2+C^2-4D}}{2}$ の球面

■■■A■■■

☐*146 3点 $A(3, -3, -1)$, $B(2, 0, 5)$, $C(4, -1, 5)$ に対して, 次の各点の座標を求めよ。

(1) 線分 AB を $3:5$ に内分する点P (2) 線分 BC の中点Q

(3) 線分 AB を $1:3$ に外分する点R (4) △ABC の重心G

☐ 147 点 $A(8, -2, 4)$ を通る, 次のような平面の方程式を求めよ。

*(1) x 軸に垂直 (2) z 軸に垂直 *(3) zx 平面に平行

☐ 148 次のような球面の方程式を求めよ。

*(1) 中心が $C(1, 2, 3)$, 半径が 3 の球面

(2) 原点を中心とし, 点 $A(5, -1, 1)$ を通る球面

*(3) 2点 $A(-1, 2, 3)$, $B(3, 6, -1)$ を直径の両端とする球面

☐ 149 球面 $(x-1)^2+(y+2)^2+(z-3)^2=16$ が, 次の座標平面または平面と交わる部分は円である。その円の中心の座標と半径を求めよ。

*(1) xy 平面 (2) zx 平面 *(3) 平面 $z=2$

☐ **Aの まとめ** 150 (1) $A(1, -4, -3)$, $B(6, 1, 2)$ を結ぶ線分 AB の中点, 線分 AB を $3:2$ に内分, 外分する点の座標を求めよ。

(2) 中心が点 $(1, 2, 3)$ で, 点 $(2, 0, -1)$ を通る球面の方程式を求めよ。

■ 最短経路

例題 **17**

点 A(1, 2, 2), B(3, 5, 1) と xy 平面上に動点Pがある。
(1) AP+PB の最小値を求めよ。
(2) (1)のとき, 点Pの座標を求めよ。

■指 針■　**最短経路**　対称な点を利用する。

解 答

(1) 点Bと xy 平面に関して対称な点を B′ とすると
$$B'(3, 5, -1)$$
動点Pは xy 平面上にあるから　　PB＝PB′
よって　　AP＋PB＝AP＋PB′
AP＋PB′ が最小のとき, AP＋PB も最小となる。
AP＋PB′ が最小となるのは, A, P, B′ が一直線上に
あるときである。ゆえに

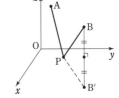

$$(\text{AP＋PBの最小値})=\text{AB}'=\sqrt{(3-1)^2+(5-2)^2+(-1-2)^2}=\sqrt{22}\ \ \text{答}$$

(2) 直線 AB′ 上の点をQとすると　　$\overrightarrow{OQ}=\overrightarrow{OA}+t\overrightarrow{AB'}$
$\overrightarrow{AB'}=(3-1, 5-2, -1-2)=(2, 3, -3)$, $\overrightarrow{OQ}=(x, y, z)$ とすると
$(x, y, z)=(1, 2, 2)+t(2, 3, -3)=(1+2t, 2+3t, 2-3t)$
点Qが xy 平面上にあるとき, $z=0$ であるから　　$2-3t=0$
よって　　$t=\dfrac{2}{3}$　　このとき　　$\text{Q}\left(\dfrac{7}{3},\ 4,\ 0\right)$

このQが最小値をとるPである。　　答　$\text{P}\left(\dfrac{7}{3},\ 4,\ 0\right)$

　**B**

☐ **151** 点 A(3, -4, 2) に関して, 点 P(1, 2, 3) と対称な点Qの座標を求めよ。

☐＊**152** 次のような球面の方程式を求めよ。
(1) 点 (3, -4, 0) で xy 平面に接する半径 5 の球面
(2) 中心が x 軸上にあり, 2点 (1, 1, 2), (2, 2, 4) を通る球面
(3) 4点 (1, 0, 0), (0, 1, -2), (5, 2, 0), (3, 1, 1) を通る球面

☐＊**153** 中心が点 (3, a, 2), 半径が 6 の球面が, zx 平面と交わってできる円の半径
が 4 であるという。a の値を求めよ。

☐ **154** 次の方程式で表される球面の中心の座標と半径を求めよ。
(1) $x^2+y^2+z^2-2x+4y+6z=2$
＊(2) $x^2+y^2+z^2+3x-2z=7$

☐ **155** 点 A(3, 1, 2), B(1, 2, 1) と xy 平面上に動点Pがある。
(1) AP+PB の最小値を求めよ。
(2) (1)のとき, 点Pの座標を求めよ。

13◆ 補 平面の方程式，直線の方程式

> **1** **平面の方程式** 空間において，平面上の任意の点を $P(\vec{p})$ とする。
> 点 $A(\vec{a})$ を通り，$\vec{0}$ でないベクトル $\vec{n}$ に垂直な平面
> $$\vec{n} \cdot (\vec{p} - \vec{a}) = 0 \quad (\vec{n}：法線ベクトル)$$
> $A(x_1, y_1, z_1)$，$P(x, y, z)$，$\vec{n} = (a, b, c)$ とすると
> $$a(x - x_1) + b(y - y_1) + c(z - z_1) = 0 \quad （平面の方程式）$$
> $$(d = -ax_1 - by_1 - cz_1 とおくと \quad ax + by + cz + d = 0)$$
>
> **参考** 点 $P(x_1, y_1, z_1)$ と平面 $ax + by + cz + d = 0$ の距離 h は $h = \dfrac{|ax_1 + by_1 + cz_1 + d|}{\sqrt{a^2 + b^2 + c^2}}$

平面の方程式

例題 18　3点 $A(1, 0, 0)$，$B(0, -2, 0)$，$C(0, 0, 3)$ を通る平面 α の方程式を求めよ。

指針 平面の法線ベクトルを $\vec{n}$ として，$\vec{n} \perp \overrightarrow{AB}$，$\vec{n} \perp \overrightarrow{AC}$ から $\vec{n}$ を1つ定める。

解答 平面 α の法線ベクトルの1つを $\vec{n} = (a, b, c)$ とすると　　$\vec{n} \perp \overrightarrow{AB}$，$\vec{n} \perp \overrightarrow{AC}$
よって　　$\vec{n} \cdot \overrightarrow{AB} = 0$，$\vec{n} \cdot \overrightarrow{AC} = 0$
$\overrightarrow{AB} = (-1, -2, 0)$，$\overrightarrow{AC} = (-1, 0, 3)$ から　　$-a - 2b = 0$，$-a + 3c = 0$
ゆえに　　$a = -2b$，$a = 3c$
$\vec{n} \neq \vec{0}$ より $a \neq 0$ であるから，$\vec{n} = (6, -3, 2)$ としてよい。
平面 α は点Aを通るから　　$6(x - 1) - 3y + 2z = 0$
よって　　$\boldsymbol{6x - 3y + 2z - 6 = 0}$ **答**

別解 求める平面の方程式を $ax + by + cz + d = 0$ とすると，この平面が3点 A，B，C を通ることから　　$a + d = 0$，$-2b + d = 0$，$3c + d = 0$
$a = -d$，$b = \dfrac{d}{2}$，$c = -\dfrac{d}{3}$ より，平面の方程式は　　$-dx + \dfrac{d}{2}y - \dfrac{d}{3}z + d = 0$
$d \neq 0$ であるから　　$\boldsymbol{6x - 3y + 2z - 6 = 0}$ **答**

B

156 次の点Aを通り，ベクトル $\vec{n}$ に垂直な平面の方程式を求めよ。
(1) $A(1, 1, 1)$，$\vec{n} = (1, 2, 1)$　　　(2) $A(1, 2, 1)$，$\vec{n} = (1, -1, -2)$

発展

157 次のような平面の方程式を求めよ。
(1) $A(1, 1, -1)$，$B(2, -1, 1)$，$C(2, 1, 3)$ を通る平面
(2) $A(1, 1, 1)$，$B(2, -1, 3)$ を通り，$\vec{p} = (-1, 2, 1)$ に平行な平面

158 点 $(-2, 3, -1)$ と平面 $x + 2y - 2z - 12 = 0$ の距離を求めよ。

> **2** **直線の方程式** 空間において，直線上の任意の点を $P(\vec{p})$ とし，t は実数とする。
> ① 点 $A(\vec{a})$ を通り，$\vec{0}$ でないベクトル $\vec{d}$ に平行な直線
> $$\vec{p}=\vec{a}+t\vec{d} \quad (\vec{d}：方向ベクトル)$$
> $A(x_1,\ y_1,\ z_1)$，$P(x,\ y,\ z)$，$\vec{d}=(l,\ m,\ n)$ とすると
> $$x=x_1+lt,\quad y=y_1+mt,\quad z=z_1+nt$$
> $lmn\neq0$ のとき，t を消去すると $\quad \dfrac{x-x_1}{l}=\dfrac{y-y_1}{m}=\dfrac{z-z_1}{n}$ （直線の方程式）
> ② 2点 A，B を通る直線 （$\overrightarrow{OP}=\vec{p}$，$\overrightarrow{OA}=\vec{a}$，$\overrightarrow{OB}=\vec{b}$ とする。）
> $$\vec{p}=\vec{a}+t(\vec{b}-\vec{a})=(1-t)\vec{a}+t\vec{b}$$

■ 平面と直線の交点

例題 19 点 A(3, 4, 5) を通り $\vec{n}=(1,\ 2,\ -3)$ に垂直な平面 α と，2点 B(1, −1, 2)，C(3, −4, 1) を通る直線 ℓ との交点の座標を求めよ。

指針 **平面と直線の交点** 直線上の点の座標を求め，平面の方程式に代入する。

解答 平面 α の方程式は $\quad 1\cdot(x-3)+2(y-4)-3(z-5)=0$
整理すると $\quad x+2y-3z=-4$ …… ①
直線 ℓ 上の点 $P(x,\ y,\ z)$ は $\overrightarrow{BC}=(2,\ -3,\ -1)$ から
$\quad\overrightarrow{OP}=(1,\ -1,\ 2)+t(2,\ -3,\ -1)$
成分で表すと $\quad x=1+2t,\ y=-1-3t,\ z=2-t$ …… ②
したがって，交点の座標は，② を ① に代入して求められる。
$\quad 1+2t+2(-1-3t)-3(2-t)=-4 \quad$ よって $\quad t=-3$
これを ② に代入して交点の座標を求めると $\quad(-5,\ 8,\ 5)$ **答**

▦▦▦ B ▦▦▦

☑ **159** 次の直線の媒介変数表示を，媒介変数を t として求めよ。また，t を消去した直線の方程式を求めよ。

(1) 点 $A(1,\ 1,\ -1)$ を通り，$\vec{d}=(2,\ 3,\ 1)$ が方向ベクトルである直線

(2) 2点 $A(-2,\ 1,\ -1)$，$B(1,\ 3,\ 2)$ を通る直線

▦▦▦ 発展 ▦▦▦

☑ **160** 2点 A(1, 1, 3)，B(2, 3, 1) を通る直線と，次の平面との交点の座標を求めよ。

(1) xy 平面 (2) yz 平面 (3) zx 平面

☑ **161** $A(4,\ 1,\ -6)$ を通り，ベクトル $\vec{d}=(-1,\ 1,\ 4)$ に平行な直線と，次の図形の交点の座標を求めよ。

(1) 平面 $3x+2y-z+5=0$ (2) 球面 $x^2+(y-2)^2+(z-4)^2=9$

14 第2章 演習問題

2平面のなす角

例題 20 2平面 $x+4y+z=3$, $2x+2y-z=5$ のなす鋭角 α を求めよ。

指針 それぞれの平面の法線ベクトルがなす角を考える。

解答 $\vec{m}=(1,\ 4,\ 1)$, $\vec{n}=(2,\ 2,\ -1)$ とすると,
$\vec{m}$, $\vec{n}$ は,それぞれ平面 $x+4y+z=3$,
$2x+2y-z=5$ の法線ベクトルである。
$\vec{m}$ と $\vec{n}$ のなす角を θ とすると,求める角
α は θ または $180°-\theta$ に等しい。
よって

$$\cos\theta=\frac{\vec{m}\cdot\vec{n}}{|\vec{m}||\vec{n}|}=\frac{1\times2+4\times2+1\times(-1)}{\sqrt{1^2+4^2+1^2}\sqrt{2^2+2^2+(-1)^2}}=\frac{1}{\sqrt{2}}$$

$0°\leqq\theta\leqq180°$ であるから　　$\theta=45°$
$0°<\alpha<90°$ であるから　　$\alpha=45°$ **答**

B

☐ **162** 3点 A$(1,\ 1,\ -1)$, B$(0,\ 3,\ -3)$, C$(-1,\ 2,\ 1)$ から等距離にある点
P$(x,\ y,\ z)$ について y, z を x を用いて表せ。また,線分 AP の長さの最小
値と,そのときの点Pの座標を求めよ。

☐ **163** $\vec{a}=(1,\ 0,\ 1)$ とのなす角が $45°$, $\vec{b}=(4,\ 2,\ 4)$ とのなす角が $60°$ で,
$\vec{c}=(2,\ -1,\ -2)$ とのなす角が鋭角である単位ベクトルを求めよ。

☐ **164** $\overrightarrow{OA}=(2,\ -1,\ 2)$ と $\overrightarrow{OB}=(4,\ 1,\ 8)$ のなす角を2等分する単位ベクトルを
求めよ。

☐ **165** 正四面体 OABC の辺 BC の中点を M,CA を $2:1$ に内分する点をNとす
る。OA と MN のなす鋭角を θ とすると $\cos\theta$ の値を求めよ。

発展

☐ **166** 次の2直線 ℓ, m のなす鋭角 α を求めよ。

$$\ell:\frac{x-1}{3}=\frac{y+3}{5}=\frac{z-4}{4}, \qquad m:x-1=\frac{y+2}{-10}=\frac{z-3}{-7}$$

ヒント **164** $\overrightarrow{OA}$ と $\overrightarrow{OB}$ のなす角を2等分するベクトルは $\dfrac{\overrightarrow{OA}}{|\overrightarrow{OA}|}+\dfrac{\overrightarrow{OB}}{|\overrightarrow{OB}|}$ で表される。

空間の2直線の距離

例題 21

s, t は実数とする。2直線
$$\ell : (x, y, z) = (1, 1, 0) + s(1, 1, -1),$$
$$m : (x, y, z) = (-1, 1, -2) + t(0, -2, 1)$$
がある。ℓ, m 上にそれぞれ点 P, Q をとるとき、線分 PQ の長さの最小値を求めよ。

指針 　**線分 PQ の最小値** PQ^2 は s, t の2次式で表される。
$(s, t \text{の1次式})^2 + (t \text{の1次式})^2 + (定数)$ に変形する。

解答 　2点 P, Q は、P$(s+1, s+1, -s)$, Q$(-1, -2t+1, t-2)$ と表される。
ここで　　$\overrightarrow{PQ} = (-s-2, -s-2t, s+t-2)$
よって　　$|\overrightarrow{PQ}|^2 = (-s-2)^2 + (-s-2t)^2 + (s+t-2)^2$
$$= 3s^2 + 6ts + 5t^2 - 4t + 8$$
$$= 3(s+t)^2 + 2(t-1)^2 + 6$$
ゆえに、$|\overrightarrow{PQ}|^2$ は $s+t=0$ かつ $t-1=0$ のとき最小値 6 をとる。
$|\overrightarrow{PQ}| > 0$ であるから、PQ は $s=-1$, $t=1$ のとき最小値 $\sqrt{6}$ をとる。**答**

参考 　線分 PQ の長さが最小となるのは
$$\overrightarrow{PQ} \perp \ell, \quad \overrightarrow{PQ} \perp m$$
のときである。これを利用して求めてもよい。

発展

167 次の2直線 ℓ, m は交わるかどうかを調べよ。交わる場合は、交点の座標を求めよ。
(1) 点 A$(-2, 0, 2)$ を通り、$\vec{u} = (-3, 2, -6)$ に平行な直線 ℓ と、
　　点 B$(-3, -3, 0)$ を通り、$\vec{v} = (2, -1, 4)$ に平行な直線 m
(2) 点 A$(-1, 0, 1)$ を通り、$\vec{u} = (3, 2, 3)$ に平行な直線 ℓ と、
　　点 B$(2, 9, 0)$ を通り、$\vec{v} = (2, -1, 3)$ に平行な直線 m

168 2直線 $\ell : (x, y, z) = (1, 0, -1) + s(1, 1, 0)$,
　　　　　$m : (x, y, z) = (0, -1, 1) + t(1, 0, -1)$
がある。ただし、s, t は媒介変数とする。ℓ, m 上にそれぞれ点 P, Q をとるとき、線分 PQ の長さの最小値を求めよ。

169 半径 r の球面 $(x-1)^2 + (y-2)^2 + (z-3)^2 = r^2$ が yz 平面と共有点をもち、かつ xy 平面と共有点をもたないような r の値の範囲を求めよ。

第3章 複素数平面

15 複素数平面

1 複素数平面 複素数 $\alpha=a+bi$ を座標平面上の点 (a, b) で表したとき，この平面を **複素数平面** または **複素平面** という。ただし，a，b は実数とする。（以下同様）

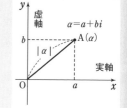

① **複素数の実数倍** $\alpha\neq0$ のとき
　　3点 0，α，β が一直線上にある
　　　$\iff \beta=k\alpha$ となる実数 k がある

② **複素数の加法，減法**
　　点の平行移動や平行四辺形の頂点として表される。

2 共役な複素数 $\alpha=a+bi$ のとき，共役な複素数 $\bar{\alpha}$ は　$\bar{\alpha}=a-bi$

① **対称** 点 α と実軸，原点，虚軸に関して対称な点はそれぞれ $\bar{\alpha}$，$-\alpha$，$-\bar{\alpha}$

② **実数・純虚数** α が実数 $\iff \bar{\alpha}=\alpha$ 　　α が純虚数 $\iff \bar{\alpha}=-\alpha$，$\alpha\neq0$

③ **和・差・積・商** $\overline{\alpha+\beta}=\bar{\alpha}+\bar{\beta}$，$\overline{\alpha-\beta}=\bar{\alpha}-\bar{\beta}$，$\overline{\alpha\beta}=\bar{\alpha}\bar{\beta}$，$\overline{\left(\dfrac{\alpha}{\beta}\right)}=\dfrac{\bar{\alpha}}{\bar{\beta}}$

3 絶対値 複素数 $\alpha=a+bi$ に対して　$|\alpha|=|a+bi|=\sqrt{a^2+b^2}$

① **性質** $|\alpha|^2=\alpha\bar{\alpha}$，$|\alpha|=|-\alpha|=|\bar{\alpha}|$　　② 2点 α，β 間の距離は $|\beta-\alpha|$

■■A■■

☐ **170** 次の点を複素数平面上に記せ。
　　A$(2+3i)$，B$(1-i)$，C$(-2+4i)$，D$(-3-2i)$，E(3)，F$(-2i)$

☐***171** $\alpha=3+i$，$\beta=x-3i$，$\gamma=2+yi$ とする。4点 0，α，β，γ が一直線上にあるとき，実数 x，y の値を求めよ。

☐ **172** $\alpha=1-i$，$\beta=2+3i$ であるとき，次の複素数を表す点を図示せよ。
　　(1) $\alpha+\beta$ 　　　(2) $\alpha-\beta$ 　　　*(3) $3\alpha+2\beta$ 　　　(4) $-2\alpha+\beta$

☐***173** 複素数 $3-2i$ を表す点と実軸，原点，虚軸に関して対称な点の表す複素数を，それぞれ求めよ。

☐ **174** 次の複素数の絶対値を求めよ。
　　*(1) $3+4i$ 　　　(2) $1-2i$ 　　　(3) $5i$ 　　　*(4) $\dfrac{1+3i}{2-i}$

☐ **175** 次の2点 α，β 間の距離を求めよ。
　　*(1) $\alpha=2+3i$，$\beta=1-2i$ 　　　(2) $\alpha=2i$，$\beta=-4$

☐ **■Aの■まとめ** **176** $\alpha=1+2i$，$\beta=3-i$ のとき，複素数 $3\alpha-2\beta$ を表す点を図示せよ。また，2点 α，β 間の距離を求めよ。

■ 複素数の絶対値

例題 22 α, β は複素数で $|\alpha-\beta|=|1-\alpha\overline{\beta}|$ のとき，$|\beta|$ の値を求めよ。
ただし，$|\alpha|\neq1$ とする。

指針 **複素数の絶対値** 条件式の両辺を2乗して，$|z|^2=z\overline{z}$ を利用する。

解答 $|\alpha-\beta|=|1-\alpha\overline{\beta}|$ の両辺を2乗して　　$|\alpha-\beta|^2=|1-\alpha\overline{\beta}|^2$
よって　　　$(\alpha-\beta)\overline{(\alpha-\beta)}=(1-\alpha\overline{\beta})\overline{(1-\alpha\overline{\beta})}$
すなわち　　$(\alpha-\beta)(\overline{\alpha}-\overline{\beta})=(1-\alpha\overline{\beta})(1-\overline{\alpha}\beta)$
展開して　　$\alpha\overline{\alpha}-\alpha\overline{\beta}-\beta\overline{\alpha}+\beta\overline{\beta}=1-\overline{\alpha}\beta-\alpha\overline{\beta}+\alpha\overline{\alpha}\beta\overline{\beta}$
すなわち　　$|\alpha|^2|\beta|^2-|\alpha|^2-|\beta|^2+1=0$
ゆえに　　　$(|\alpha|^2-1)(|\beta|^2-1)=0$
$|\alpha|\neq1$ より $|\alpha|^2-1\neq0$ であるから　　$|\beta|^2-1=0$
よって　　　$|\beta|^2=1$　　　　$|\beta|\geqq0$ であるから　　$|\beta|=1$ **答**

☑***177** $z=2+i$ のとき，$\left|z+\dfrac{1}{z}\right|^2$ の値を求めよ。

☑***178** 複素数 z が，$2z+\overline{z}=1-2i$ を満たすとき，次の値を求めよ。
(1)　$2\overline{z}+z$　　　　　　　　　(2)　z

☑ **179** (1)　$|z|=3$ かつ $|z+2|=4$ を満たす複素数 z について，$z+\overline{z}$ の値を求めよ。
(2)　$|z+1|=2|z-2|$ を満たす複素数 z について，$|z-3|$ の値を求めよ。

☑ **180** 複素数 α, β について，次のことを証明せよ。
*(1)　$\alpha\overline{\beta}$ が実数でないとき，$z=\alpha\overline{\beta}-\overline{\alpha}\beta$ は純虚数
(2)　$|\alpha|=1$ のとき，$z=\alpha+\dfrac{1}{\alpha}$ は実数

☑ **181** α, β を複素数とし，$\alpha\neq0$ とするとき，次のことを証明せよ。
$$\overline{\alpha}\beta \text{ が実数} \iff \beta=k\alpha \text{ となる実数 } k \text{ がある}$$

☑ **182** 複素数 α, β について，次の等式を証明せよ。
(1)　$|\alpha+\beta|^2+|\alpha-\beta|^2=2(|\alpha|^2+|\beta|^2)$
(2)　$|\alpha|=1$ のとき　$|\alpha-\beta|=|1-\alpha\overline{\beta}|$
*(3)　$|\alpha|=|\beta|=|\alpha+\beta|=1$ のとき　$\alpha^2+\alpha\beta+\beta^2=0$

☑***183** α, β は複素数とする。$|\alpha|=|\beta|=2$，$\alpha+\beta+3=0$ のとき，$\alpha^2+\beta^2$ の値を求めよ。

･･
ヒント **181** z が実数 $\iff \overline{z}=z$ を利用する。
　　　　183 $\overline{\alpha+\beta}=-3$ すなわち $\overline{\alpha}+\overline{\beta}=-3$ を利用する。

16 複素数の極形式と乗法，除法

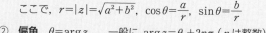

1 **極形式** 0 でない複素数 $z=a+bi$ について
① **極形式** $z=r(\cos\theta+i\sin\theta)$ ただし，$r>0$
ここで，$r=|z|=\sqrt{a^2+b^2}$, $\cos\theta=\dfrac{a}{r}$, $\sin\theta=\dfrac{b}{r}$

② **偏角** $\theta=\arg z$ 一般に $\arg z=\theta_0+2n\pi$ (n は整数)
注意 以後，複素数を極形式で表すとき，その複素数は 0 でないとする。

2 **複素数の積，商** $z_1=r_1(\cos\theta_1+i\sin\theta_1)$, $z_2=r_2(\cos\theta_2+i\sin\theta_2)$ とする。
① **積** $z_1z_2=r_1r_2\{\cos(\theta_1+\theta_2)+i\sin(\theta_1+\theta_2)\}$
$|z_1z_2|=|z_1||z_2|$, $\arg z_1z_2=\arg z_1+\arg z_2$

② **商** $\dfrac{z_1}{z_2}=\dfrac{r_1}{r_2}\{\cos(\theta_1-\theta_2)+i\sin(\theta_1-\theta_2)\}$

$\left|\dfrac{z_1}{z_2}\right|=\dfrac{|z_1|}{|z_2|}$, $\arg\dfrac{z_1}{z_2}=\arg z_1-\arg z_2$

③ **複素数の積と点の回転**
点 $r(\cos\theta+i\sin\theta)z$ は，点 z を原点を中心として角 θ だけ回転し，原点からの距離を r 倍した点である。

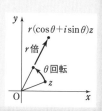

注意 偏角についての等式 $\arg z=\arg w$ は，両辺が 2π の整数倍を除いて一致することを意味しているものとする。

■■■**A**■■■

☐ **184** 次の複素数を極形式で表せ。ただし，偏角 θ の範囲は $0\leqq\theta<2\pi$ とする。
*(1) $3+\sqrt{3}\,i$　　　(2) $2-2i$　　　*(3) $3i$　　　(4) -4

☐ **185** 次の 2 つの複素数 α, β について，$\alpha\beta$, $\dfrac{\alpha}{\beta}$ をそれぞれ極形式で表せ。ただし，偏角 θ の範囲は $0\leqq\theta<2\pi$ とする。
*(1) $\alpha=2+2\sqrt{3}\,i$, $\beta=1+i$　　　(2) $\alpha=\sqrt{3}+i$, $\beta=1-\sqrt{3}\,i$

☐ **186** $\alpha=1+2\sqrt{2}\,i$, $\beta=4-3i$ のとき，次の値を求めよ。
(1) $|\alpha^4|$　　　*(2) $|\alpha\beta^2|$　　　(3) $\left|\dfrac{1}{\alpha\beta}\right|$　　　*(4) $\left|\dfrac{\beta^2}{\alpha^3}\right|$

☐ **187** *(1) 点 $z=\sqrt{3}+i$ を原点の周りに $\dfrac{\pi}{4}$ 回転した点を表す複素数を求めよ。
(2) 2 点 $(1+i)z$, $-i\overline{z}$ は，点 z をどのように移動した点であるか。

☐ **■Aの■**
まとめ **188** $\alpha=\sqrt{3}-i$, $\beta=1+i$ のとき，$\alpha\beta$, $\dfrac{\alpha}{\beta}$ を極形式で表せ。ただし，偏角 θ の範囲は $-\pi\leqq\theta<\pi$ とする。また，点 $\alpha\beta$ は点 β をどのように移動した点であるか。

直線に関する点の対称移動

例題 **23**

複素数平面上で O(0)，A(1+i) とする。点 z を直線 OA に関して対称移動した点を w とするとき，w を z を用いて表せ。

指針 直線に関する対称移動 $1+i$ の偏角を θ とする。点 z を次の順で移動する。
① 原点を中心として $-\theta$ だけ回転（直線 OA が実軸に重なる）
② 実軸に関して対称移動（共役な複素数をとる）
③ 原点を中心として θ だけ回転（直線 OA がもとの位置に戻る）

解答 $1+i$ の偏角を θ $(0 \leqq \theta < 2\pi)$ とすると $\theta = \dfrac{\pi}{4}$

$\alpha = \cos\dfrac{\pi}{4} + i\sin\dfrac{\pi}{4}$ とすると，点 z を原点を中心として

$-\dfrac{\pi}{4}$ だけ回転した点を表す複素数は $\dfrac{z}{\alpha}$

点 $\dfrac{z}{\alpha}$ を実軸に関して対称移動した点を表す複素数は

$$\overline{\left(\dfrac{z}{\alpha}\right)}$$

点 w は，点 $\overline{\left(\dfrac{z}{\alpha}\right)}$ を原点を中心として $\dfrac{\pi}{4}$ だけ回転した点であるから

$$w = \alpha\overline{\left(\dfrac{z}{\alpha}\right)} = \dfrac{\alpha}{\overline{\alpha}}\overline{z} = \left[\cos\left\{\dfrac{\pi}{4} - \left(-\dfrac{\pi}{4}\right)\right\} + i\sin\left\{\dfrac{\pi}{4} - \left(-\dfrac{\pi}{4}\right)\right\}\right]\overline{z} = i\overline{z}$$ **答**

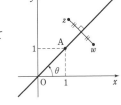

第3章 複素数平面

☐ **189** 次の複素数を極形式で表せ。ただし，偏角 θ の範囲は $0 \leqq \theta < 2\pi$ とする。

(1) $\dfrac{1-i}{\sqrt{2}\,i}$ *(2) $\dfrac{3+\sqrt{3}\,i}{1-\sqrt{3}\,i}$ *(3) $3\left(\sin\dfrac{\pi}{6} + i\cos\dfrac{\pi}{6}\right)$

☐ **190** $1+i$，$\sqrt{3}+i$ を極形式で表すことにより，$\cos\dfrac{5}{12}\pi$ と $\sin\dfrac{5}{12}\pi$ の値を求めよ。

☐ **191** 複素数平面上の 3 点 O(0)，A(2-i)，B について，次の条件を満たしているとき，点 B を表す複素数を求めよ。
*(1) △OAB が正三角形となる。
(2) △OAB が B を直角の頂点とする直角二等辺三角形となる。

☐ **192** 点 z を原点の周りに $\dfrac{\pi}{2}$ だけ回転したのち，実軸の方向に 1，虚軸の方向に 1 だけ平行移動した点が z に一致するような複素数 z を求めよ。

☐ ***193** 複素数平面上で O(0)，A$(1+\sqrt{3}\,i)$ とする。点 $z = 4 - 2\sqrt{3}\,i$ を直線 OA に関して対称に移動した点を表す複素数を求めよ。

17 ド・モアブルの定理

1 ド・モアブルの定理

n が整数のとき $(\cos\theta+i\sin\theta)^n=\cos n\theta+i\sin n\theta$

2 n乗根

n は自然数とする。

① 1のn乗根 $z_k=\cos\dfrac{2k\pi}{n}+i\sin\dfrac{2k\pi}{n}$

$(k=0,\ 1,\ 2,\ \cdots\cdots,\ n-1)$

② 複素数平面上で，$n\geqq 3$ のとき，1のn乗根を表す点は，単位円に内接する正n角形の各頂点である。特に，頂点の1つは点1である。

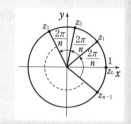

■ A ■

☐ **194** 次の式を計算せよ。

(1) $\left(\cos\dfrac{\pi}{18}+i\sin\dfrac{\pi}{18}\right)^{12}$

(2) $\left(\cos\dfrac{\pi}{3}+i\sin\dfrac{\pi}{3}\right)^{6}$

*(3) $\left(\cos\dfrac{5}{12}\pi+i\sin\dfrac{5}{12}\pi\right)^{-3}$

*(4) $\left\{2\left(\cos\dfrac{\pi}{12}-i\sin\dfrac{\pi}{12}\right)\right\}^{4}$

☐ **195** 次の式を計算せよ。

*(1) $(1+i)^7$

(2) $(1-i)^{-10}$

(3) $\left(\dfrac{3}{2}-\dfrac{\sqrt{3}}{2}i\right)^{8}$

*(4) $(-\sqrt{3}+i)^{-6}$

☐ **196** ド・モアブルの定理を用いて，次の等式を証明せよ。

(1) $\sin 2\theta=2\sin\theta\cos\theta,\ \cos 2\theta=\cos^2\theta-\sin^2\theta$

*(2) $\sin 3\theta=3\sin\theta-4\sin^3\theta,\ \cos 3\theta=4\cos^3\theta-3\cos\theta$

☐ **197** $z^4=1$ を満たす z の値を，ド・モアブルの定理を用いて解け。

☐ **198** 次の方程式の解を求めよ。ただし，(4)は極形式のままでよい。

(1) $z^6=-1$

*(2) $z^3=8i$

*(3) $z^2=-1-\sqrt{3}\,i$

(4) $z^3=-2+2i$

☐ **■Aの■ まとめ 199** (1) $\left(-\dfrac{1}{2}+\dfrac{\sqrt{3}}{2}i\right)^{9}$ を計算せよ。

(2) 方程式 $z^4=-8-8\sqrt{3}\,i$ の解を求めよ。

■ n 乗の計算

例題 24　n が自然数のとき，$\left(\dfrac{1+i}{\sqrt{2}}\right)^n + \left(\dfrac{1-i}{\sqrt{2}}\right)^n$ の値を求めよ。

指針　ド・モアブルの定理　(複素数)^n の形であるから，極形式に直して計算する。

解答

$$(\text{与式})=\left(\cos\frac{\pi}{4}+i\sin\frac{\pi}{4}\right)^n+\left\{\cos\left(-\frac{\pi}{4}\right)+i\sin\left(-\frac{\pi}{4}\right)\right\}^n$$

$$=\left(\cos\frac{n\pi}{4}+i\sin\frac{n\pi}{4}\right)+\left\{\cos\left(-\frac{n\pi}{4}\right)+i\sin\left(-\frac{n\pi}{4}\right)\right\}$$

$$=2\cos\frac{n\pi}{4}$$

よって，m を自然数として　$n=8m$ のとき 2；

$n=8m-1,\ 8m-7$ のとき $\sqrt{2}$；　$n=8m-2,\ 8m-6$ のとき 0；

$n=8m-3,\ 8m-5$ のとき $-\sqrt{2}$；　$n=8m-4$ のとき -2　**答**

200　次の式を計算せよ。

(1)　$\dfrac{1}{(1+i)^6}$　　*(2)　$\left(\dfrac{1+i}{\sqrt{3}+i}\right)^8$　　(3)　$\left(\dfrac{1-\sqrt{3}\,i}{1+\sqrt{3}\,i}\right)^{10}$　　*(4)　$\left(\dfrac{5-i}{2-3i}\right)^8$

***201**　n が自然数のとき，$\left(\dfrac{-1+\sqrt{3}\,i}{2}\right)^n+\left(\dfrac{-1-\sqrt{3}\,i}{2}\right)^n$ の値を求めよ。

202　次の数が実数となる最小の自然数 n を求めよ。

*(1)　$\left(\dfrac{1+\sqrt{3}\,i}{1+i}\right)^n$　　　　(2)　$\left(\dfrac{\sqrt{3}+1}{2}+\dfrac{\sqrt{3}-1}{2}i\right)^{2n}$

203　複素数 z が，$z+\dfrac{1}{z}=2\cos\theta$ を満たすとき，z を θ を用いて表せ。また，n が自然数のとき，$z^n+\dfrac{1}{z^n}=2\cos n\theta$ を証明せよ。

204　$\omega=\cos\dfrac{2\pi}{n}+i\sin\dfrac{2\pi}{n}$ とおくと，$z^n=1$ の解は $1,\ \omega,\ \omega^2,\ \cdots\cdots,\ \omega^{n-1}$ であることを示せ。ただし，n は自然数とする。

205　$\omega=\cos\dfrac{\pi}{10}+i\sin\dfrac{\pi}{10}$ のとき，次の値を求めよ。

*(1)　$\omega^{19}+\omega^{18}+\cdots\cdots+\omega+1$　　　(2)　$\omega^{19}\omega^{18}\cdots\cdots\omega\cdot1$

***206**　方程式 $z^8+z^4+1=0$ の解を求めよ。

ヒント　**206** 方程式を z^4 について解く。

第3章 複素数平面

18 複素数と図形 (1)

1 内分点，外分点

$A(\alpha)$, $B(\beta)$, $C(\gamma)$ とする。

① 線分 AB を $m:n$ に内分または外分する点を表す複素数は

内分点 $\dfrac{n\alpha+m\beta}{m+n}$ 外分点 $\dfrac{-n\alpha+m\beta}{m-n}$ 特に中点 $\dfrac{\alpha+\beta}{2}$

② △ABC の重心を表す複素数は $\dfrac{\alpha+\beta+\gamma}{3}$

2 方程式の表す図形

① $|z-\alpha|=r$　点 α を中心とする半径 r の円

② $|z-\alpha|=|z-\beta|$　2点 α, β を結ぶ線分の垂直二等分線

■■A■■

☐*207　2点 $A(4+2i)$, $B(-1+7i)$ を結ぶ線分 AB に対して，次の点を表す複素数を求めよ。

(1) $3:2$ に内分する点，$2:3$ に内分する点　　　(2) 中点

(3) $3:2$ に外分する点，$2:3$ に外分する点

☐ **208** 次の3点 α, β, γ を頂点とする三角形の重心を表す複素数を求めよ。

(1) $\alpha=0$, $\beta=3+2i$, $\gamma=6+i$　　　*(2) $\alpha=2+i$, $\beta=5-i$, $\gamma=-4-4i$

☐ **209** 次の方程式を満たす点 z 全体の集合は，どのような図形か。

(1) $|z+2|=3$　　　*(2) $|z+2-3i|=1$　　　*(3) $|\bar{z}-i|=2$

(4) $|z-3|=|z-i|$　　　*(5) $|z|=|z+4|$　　　*(6) $|z-3+i|=|z+1|$

*(7) $|z+1|=2|z-2|$　　　(8) $3|z|=|z+8i|$　　　*(9) $3|z-i|=2|z-1|$

☐ **210** 点 z が，原点 O を中心とする半径 1 の円上を動くとき，次の条件を満たす点 w はどのような図形を描くか。

*(1) $w=z+i$　　　　　　　　　*(2) $w=\dfrac{iz+4}{2}$

(3) 点 $3i$ と点 z を結ぶ線分の中点 w

☐ ■Aの■ まとめ **211** (1) $A(1+3i)$, $B(-2+5i)$, $C(2-2i)$ を頂点とする △ABC の重心を表す複素数を求めよ。

(2) 次の方程式を満たす点 z 全体の集合は，どのような図形か。

(ア) $|z+2i|=|z-3|$　　　　　(イ) $2|z-3|=|z+4i|$

図形の変換

例題 25

複素数 z が $|z|=2$ を満たすとき，$w=\dfrac{2z+1}{z-1}$ で表される点 w はどのような図形を描くか。

指針 軌跡 z を w で表し，与えられた等式に代入する。$|z|^2=z\bar{z}$ などを利用。

解答

$w=\dfrac{2z+1}{z-1}$ から　　$w(z-1)=2z+1$　　　　よって　　$z(w-2)=w+1$

$w=2$ は等式を満たさないから，$w\neq2$ で　　$z=\dfrac{w+1}{w-2}$

$|z|=2$ であるから　　$\left|\dfrac{w+1}{w-2}\right|=2$　　　ゆえに　　$|w+1|=2|w-2|$

両辺を 2 乗すると　　$|w+1|^2=4|w-2|^2$

よって　　　　　　　$(w+1)(\overline{w}+1)=4(w-2)(\overline{w}-2)$

整理すると　　$w\overline{w}-3w-3\overline{w}+5=0$　　　ゆえに　　$(w-3)(\overline{w}-3)=4$

すなわち　　$|w-3|^2=4$　　　　よって　　$|w-3|=2$

したがって，点 w は **点 3 を中心とする半径 2 の円** を描く。　**答**

参考 $|w+1|=2|w-2|$ であるから，点 w の軌跡は **アポロニウスの円** （2 点 -1，2 から の距離の比が $2:1$）であることがわかる。

☑ **212** 複素数平面上で，三角形の各辺の中点を表す複素数が $\alpha=1+2i$，$\beta=2+3i$，$\gamma=3+i$ であるとき，この三角形の 3 つの頂点を表す複素数を求めよ。

☑ **213** 次の方程式を満たす点 z 全体の集合は，どのような図形か。

*(1)　$z+\bar{z}=4$　　　　　　　　　　(2)　$z-\bar{z}=6i$

(3)　$|z-i|=|iz-1|$　　　　　　　　*(4)　$z\bar{z}+iz-i\bar{z}=3$

☑ **214** *(1)　点 z が原点 O を中心とする半径 2 の円上を動くとき，$w=\dfrac{z-2}{z+1}$ で表される点 w はどのような図形を描くか。

(2)　点 z が単位円から点 1 を除いた円上を動くとき，$w=\dfrac{1-iz}{1-z}$ で表される 点 w はどのような図形を描くか。

(3)　点 z が点 $-i$ を中心とする半径 1 の円から原点を除いた円周上を動くと き，$w=\dfrac{1}{z}$ で表される点 w はどのような図形を描くか。

☑ ***215** 点 z が点 2 を通り実軸に垂直な直線上を動くとき，$w=\dfrac{1}{z}$ で表される点 w は どのような図形を描くか。

19 複素数と図形(2)

1 一般の点を中心とする回転

点 β を，点 α を中心として角 θ だけ回転した点を γ とすると

$$\gamma - \alpha = (\cos\theta + i\sin\theta)(\beta - \alpha)$$

2 半直線のなす角

異なる3点 $A(\alpha)$，$B(\beta)$，$C(\gamma)$ に対して

① $\angle\beta\alpha\gamma = \arg\dfrac{\gamma-\alpha}{\beta-\alpha}$

② 3点 A，B，C が一直線上にある $\iff \dfrac{\gamma-\alpha}{\beta-\alpha}$ が実数（偏角が 0 または π）

③ 2直線 AB，AC が垂直に交わる $\iff \dfrac{\gamma-\alpha}{\beta-\alpha}$ が純虚数 $\left(\text{偏角が} \pm\dfrac{\pi}{2}\right)$

注意 $\angle\beta\alpha\gamma$ は，半直線 AB から半直線 AC までの回転角（回転の向きを考える）。
0 以上 π 以下の回転の向きを考えない角は，$\angle$BAC と表す。

■■ A ■■

216 $\alpha = 2 - \sqrt{3}\,i$，$\beta = 6 + \sqrt{3}\,i$ とする。点 β を，点 α を中心として次の角だけ回転した点を表す複素数を求めよ。

*(1) $\dfrac{\pi}{3}$ 　　　　　　　　　(2) $\dfrac{\pi}{2}$

217 複素数平面上の次の3点 A，B，C について，$\angle$BAC の大きさと △ABC の面積を求めよ。

(1) $A(1+2i)$，$B(3)$，$C(7+8i)$

*(2) $A(\sqrt{3}+i)$，$B(6i)$，$C(3\sqrt{3}+5i)$

218 複素数平面上の3点 $\alpha = 5-i$，$\beta = 3+i$，$\gamma = 2+2i$ は一直線上にあることを示せ。

219 $\alpha = 2+i$，$\beta = 4+4i$，$\gamma = -1+3i$ を表す複素数平面上の点を，それぞれ A，B，C とする。直線 AB と直線 AC は垂直に交わることを示せ。

Aの まとめ 220 (1) $\alpha = 3+4i$，$\beta = 1+5i$ とする。点 β を，点 α を中心として $\dfrac{\pi}{6}$ だけ回転した点を表す複素数 γ を求めよ。

(2) $A(5-i)$，$B(3+i)$，$C(x+2i)$ が次の条件を満たすように，実数 x の値を定めよ。

(ア) 3点 A，B，C が一直線上にある 　　(イ) AB⊥AC

三角形の形状

例題 26 複素数平面上の異なる3点 O(0), A(α), B(β) について, 等式 $\alpha^2 - \alpha\beta + \beta^2 = 0$ が成り立つとき, △OAB はどのような三角形か。

指針 **複素数の2元2次方程式** 与えられた等式の両辺を β^2 で割ると, $\dfrac{\alpha}{\beta}$ についての2次方程式になる。

解答 与えられた等式の両辺を β^2 ($\neq 0$) で割ると

$$\left(\frac{\alpha}{\beta}\right)^2 - \frac{\alpha}{\beta} + 1 = 0$$

よって $\dfrac{\alpha}{\beta} = \dfrac{1 \pm \sqrt{3}\,i}{2} = \cos\left(\pm\dfrac{\pi}{3}\right) + i\sin\left(\pm\dfrac{\pi}{3}\right)$

(複号同順)

ゆえに $\alpha = \left(\cos\dfrac{\pi}{3} + i\sin\dfrac{\pi}{3}\right)\beta$

または $\alpha = \left\{\cos\left(-\dfrac{\pi}{3}\right) + i\sin\left(-\dfrac{\pi}{3}\right)\right\}\beta$

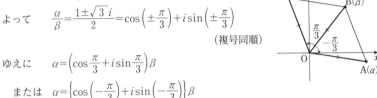

よって, 点Aは, 点Bを原点を中心として $\dfrac{\pi}{3}$ または $-\dfrac{\pi}{3}$ だけ回転した点である。したがって, △OAB は **正三角形** である。 **答**

□*221 原点を O, $\alpha = 2 - i$, $\beta = 3 + (2a-1)i$ を表す点をそれぞれ A, B とするとき, $\angle\text{AOB} = \dfrac{\pi}{4}$ を満たす実数 a の値を求めよ。

□ 222 複素数平面上の2点 A, B を表す複素数をそれぞれ $\alpha = 1 - 2i$, $\beta = 3 + 2i$ とする。次のものを求めよ。

(1) 線分 AB を1辺とする正三角形の他の頂点を表す複素数

*(2) 線分 AB を1辺とする正方形の他の2つの頂点を表す複素数

□ 223 異なる3つの複素数 α, β, γ が次の関係を満たすとき, 3点 A(α), B(β), C(γ) を頂点とする △ABC はどのような三角形か。

(1) $\dfrac{\gamma - \alpha}{\beta - \alpha} = \sqrt{3}\,i$ \qquad *(2) $\alpha + i\beta = (1+i)\gamma$

*(3) $\alpha = -i$, $\beta = 3i$, $\gamma = 2\sqrt{3} + i$

□ 224 複素数平面上の異なる3点 O(0), A(α), B(β) について, 次の等式が成り立つとき, △OAB はどのような三角形か。

(1) $\alpha^2 + \beta^2 = 0$ \qquad *(2) $\alpha^2 - 2\alpha\beta + 2\beta^2 = 0$

■ 複素数による垂直の証明

例題 27

右の図のような $\triangle OAB$ の外側へ2つの正方形 OACD と OBEF を作るとき，線分 DF の中点Mについて，$AB \perp OM$ であることを複素数平面を利用して証明せよ。

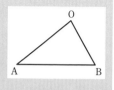

■指針■ **垂直の証明** z は純虚数 $\iff \overline{z}=-z$, $z \neq 0$ を利用する。

解答 Oを複素数平面上の原点にとり，

$$A(\alpha), \ B(\beta), \ D(z_1), \ F(z_2), \ M(z)$$

とする。

点Dは，点Aを点Oの周りに $-\dfrac{\pi}{2}$ だけ回転した点であるから

$$z_1 = \alpha\left\{\cos\left(-\frac{\pi}{2}\right) + i\sin\left(-\frac{\pi}{2}\right)\right\} = -i\alpha$$

点Fは，点Bを点Oの周りに $\dfrac{\pi}{2}$ だけ回転した点であるから

$$z_2 = \beta\left(\cos\frac{\pi}{2} + i\sin\frac{\pi}{2}\right) = i\beta$$

また，点Mは，線分 DF の中点であるから $\quad z = \dfrac{z_1+z_2}{2} = \dfrac{-i\alpha+i\beta}{2} = \dfrac{\beta-\alpha}{2}i$

ここで $\quad \dfrac{z-0}{\beta-\alpha} = \dfrac{1}{2}i$

よって，$\dfrac{z-0}{\beta-\alpha}$ は純虚数となるから $\quad AB \perp OM$ **終**

☑ **225** 複素数平面上の異なる4点 $A(\alpha)$, $B(\beta)$, $C(\gamma)$, $D(\delta)$ について，次のことが成り立つことを証明せよ。

$$2 \text{直線 AB, CD が垂直に交わる} \iff \frac{\delta-\gamma}{\beta-\alpha} \text{ が純虚数}$$

☑ *226 複素数平面上の異なる3点 $O(0)$, $A(\alpha)$, $B(\beta)$ について，等式 $\alpha\overline{\beta}+\overline{\alpha}\beta=0$ が成り立つとき，$OA \perp OB$ であることを証明せよ。

☑ *227 複素数平面上の異なる4つの複素数 α, β, γ, δ を表す点を，それぞれ A, B, C, D とする。2つの等式 $\alpha+\gamma=\beta+\delta$, $\delta-\alpha=i(\beta-\alpha)$ が成り立つとき，四角形 ABCD は正方形であることを証明せよ。

☑ **228** 単位円上の異なる3点 $A(\alpha)$, $B(\beta)$, $C(\gamma)$ と，円上にない点 $H(z)$ について，等式 $z=\alpha+\beta+\gamma$ が成り立つとき，Hは $\triangle ABC$ の垂心であることを証明せよ。

四角形が円に内接する条件（複素数）

例題 28

複素数平面上で，異なる 4 点 $A(\alpha)$, $B(\beta)$, $C(\gamma)$, $D(\delta)$ を頂点とする四角形 ABCD が円に内接している。このとき，$\dfrac{\beta-\gamma}{\alpha-\gamma} \div \dfrac{\beta-\delta}{\alpha-\delta}$ は実数であることを証明せよ。

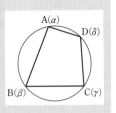

指針 **四角形が円に内接する** 同じ弧に対する円周角が等しいことを利用する。

解答 円周角の定理から　　∠ACB＝∠ADB

よって　　$\arg\dfrac{\beta-\gamma}{\alpha-\gamma}=\arg\dfrac{\beta-\delta}{\alpha-\delta}$　すなわち　$\arg\dfrac{\beta-\gamma}{\alpha-\gamma}-\arg\dfrac{\beta-\delta}{\alpha-\delta}=0$

ゆえに　　$\arg\left(\dfrac{\beta-\gamma}{\alpha-\gamma}\div\dfrac{\beta-\delta}{\alpha-\delta}\right)=0$

したがって，$\dfrac{\beta-\gamma}{\alpha-\gamma}\div\dfrac{\beta-\delta}{\alpha-\delta}$ は実数である。　**終**

検討 この命題の逆も成り立つ。一般に次のことがいえる。

一直線上にない 4 点 $A(\alpha)$, $B(\beta)$, $C(\gamma)$, $D(\delta)$ について

4 点 A，B，C，D が同一円周上にある $\iff$ $\dfrac{\beta-\gamma}{\alpha-\gamma}\div\dfrac{\beta-\delta}{\alpha-\delta}$ **が実数**

☐*229　複素数平面上の 3 点 $A(\alpha)$, $B(\beta)$, $C(\gamma)$ を頂点とする △ABC があるとき，原点O，点 D(1)，点 E$\left(\dfrac{\gamma-\alpha}{\beta-\alpha}\right)$ を頂点とする △ODE を考えると，△ODE∽△ABC であることを証明せよ。

☐*230　複素数平面上の異なる 3 点 α, β, γ が一直線上にあるとき，等式 $\overline{\alpha}(\beta-\gamma)+\overline{\beta}(\gamma-\alpha)+\overline{\gamma}(\alpha-\beta)=0$ が成り立つことを証明せよ。

☐*231　複素数平面上に，4 点 $z_1=-1$, $z_2=1-i$, $z_3=3+i$, $z_4=-\dfrac{1}{3}+3i$ をとる。4 点 z_1, z_2, z_3, z_4 は同一円周上にあることを証明せよ。

発展

☐ 232　複素数平面上で，原点Oと異なる点 $A(\alpha)$ を通り，直線 OA に垂直な直線上の点を $P(z)$ とするとき，等式 $\dfrac{z}{\alpha}+\overline{\left(\dfrac{z}{\alpha}\right)}=2$ が成り立つことを証明せよ。

ヒント 232 $z\neq\alpha$ のとき　　AO⊥AP $\iff$ $\dfrac{z-\alpha}{0-\alpha}$ が純虚数

第3章 複素数平面

20 第3章 演習問題

絶対値の最大・最小（複素数）

例題 29

(1) $|z-3i|=1$ のとき，$|z-i+2|$ の最小値を求めよ。

(2) $|z|=1$ のとき，$|z^2-z+1|$ の最大値を求めよ。

指針 **絶対値の最大・最小** (1) 図形的に考える。

(2) $|z|=1$ から，$z=\cos\theta+i\sin\theta$ とおける。

解答 (1) $|z-3i|=1$ から，点 z は点 C($3i$) を中心として
半径 1 の円上を動く。
$|z-i+2|$ は，この円 C の周上の点 z と点 A($-2+i$)
との距離であるから，求める最小値は，線分 AC と
円 C の交点を B とすると，線分 AB の長さである。
よって

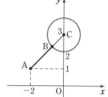

$$|3i-(-2+i)|-1=|2+2i|-1=2\sqrt{2}-1 \quad \text{答}$$

(2) $|z|=1$ から $|z^2-z+1|=\left|z\left(z-1+\dfrac{1}{z}\right)\right|=\left|z+\dfrac{1}{z}-1\right|$

また，$|z|=1$ から $z=\cos\theta+i\sin\theta$ とおける。よって

$$\left|z+\frac{1}{z}-1\right|=|\cos\theta+i\sin\theta+\cos(-\theta)+i\sin(-\theta)-1|$$

$$=|2\cos\theta-1|$$

$-1\leqq\cos\theta\leqq1$ であるから，$\cos\theta=-1$ のとき最大値 **3** をとる。 **答**

☐ **233** $\left(\dfrac{2+\sqrt{3}-i}{2+\sqrt{3}+i}\right)^{100}$ を計算せよ。

☐ **234** $|z|=1$ を満たす z に対して，次の式の値の最大値と最小値を求めよ。

(1) $|z+2i-3|$ 　　　　　　　　　　(2) $|z^2+3z+1|$

☐ **235** 異なる 3 つの複素数 α, β, γ の間に，次の等式が成り立つとき，3 点 A(α)，B(β)，C(γ) を頂点とする △ABC はどのような三角形か。

$$3\alpha^2+4\beta^2+\gamma^2-6\alpha\beta-2\beta\gamma=0$$

☐ **236** 複素数平面上の単位円の周を 3 等分する任意の 3 点 z_1, z_2, z_3 について，
$\dfrac{(z_1+z_2)(z_2+z_3)(z_3+z_1)}{z_1z_2z_3}$ の値を求めよ。

☐ **237** z が複素数で $z+\dfrac{1}{z}$ が実数となるような点 z はどのような図形を描くか。

■ 一般の直線に関する対称移動

例題 30

複素数平面上で，定点 $\gamma\ (\neq0)$ と原点Oを結ぶ直線に関して，点 z と対称な点を w とするとき，$w=\dfrac{\gamma^2}{|\gamma|^2}\cdot\bar{z}$ が成り立つことを証明せよ。

指針 対称軸が x 軸に重なるような回転移動を考える。

解答 $\arg\gamma=\theta$ とする。

点 z を，原点を中心として $-\theta$ だけ回転した点を z' とすると　　$z'=\{\cos(-\theta)+i\sin(-\theta)\}z$

点 z' を，x 軸に関して対称移動した点は $\overline{z'}$ で表されるから　　$\overline{z'}=\overline{\{\cos(-\theta)+i\sin(-\theta)\}\bar{z}}$

$\qquad\qquad =\overline{(\cos\theta-i\sin\theta)}\bar{z}=(\cos\theta+i\sin\theta)\bar{z}$

点 $\overline{z'}$ を，更に原点を中心として θ だけ回転すると，求める点 w となる。

よって　　$w=(\cos\theta+i\sin\theta)(\cos\theta+i\sin\theta)\bar{z}=(\cos\theta+i\sin\theta)^2\bar{z}$

ここで　　$\dfrac{\gamma}{|\gamma|}=\cos\theta+i\sin\theta$　　　　したがって　　$w=\dfrac{\gamma^2}{|\gamma|^2}\cdot\bar{z}$　**終**

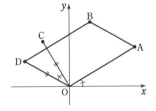

B

238 複素数平面上において，4点 A，B，C，D
が右の図のように与えられていて，以下の条件を満たすとする。

・四角形 OABD は平行四辺形である。

・OC＝OD

・∠COD は，線分 OA と x 軸の正の向きのなす角に等しい。

点 A，B，C を表す複素数をそれぞれ α，β，γ とするとき，複素数 β を α，γ を用いて表せ。

239 複素数平面において，3点 A(z)，B(1)，C$\left(\dfrac{1}{z}\right)$ が正三角形の異なる3頂点となるような複素数 $z\ (z\neq0)$ をすべて求めよ。

240 方程式 $x^2-2x+2=0$ の2つの解を α，β とし，方程式 $x^2+2px-1=0$ の2つの解を γ，δ とする。複素数平面上で，4点 A(α)，B(β)，C(γ)，D(δ) が同一円周上にあるとき，実数 p の値を求めよ。

21 放物線

1 放物線

① **定義** 定点Fと，Fを通らない定直線 ℓ からの距離が等しい点Pの軌跡を **放物線** といい，点Fをその **焦点**，直線 ℓ を **準線** という。

② **放物線 $y^2=4px$ $(p \neq 0)$ の性質**

[1] 頂点は原点，焦点は点 $(p, 0)$，準線は直線 $x=-p$

[2] 軸は x 軸で，放物線は軸に関して対称である。

③ **y 軸を軸とする放物線** 点 $F(0, p)$ $(p \neq 0)$ を焦点とし，直線 $y=-p$ を準線とする放物線の方程式は

$$x^2=4py$$

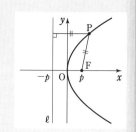

■■**A**■■

☑ **241** 次の放物線の焦点と準線を求めよ。また，その放物線の概形をかけ。

(1) $y^2=16x$ *(2) $y^2=-6x$

(3) $x^2=-12y$ *(4) $y=3x^2$

☑ **242** 次のような放物線の方程式を求めよ。

*(1) 焦点が点 $(6, 0)$，準線が直線 $x=-6$

(2) 焦点が点 $(0, 3)$，準線が直線 $y=-3$

(3) 軸が x 軸，頂点が原点で，点 $(1, \sqrt{3})$ を通る

*(4) 頂点が原点で，焦点が y 軸上にあり，点 $(3, -3)$ を通る

☑ **243** 右の図は $y^2=2x$ のグラフである。

(1) 焦点Fを求めよ。

(2) 準線の方程式を求めよ。

(3) $y^2=2x$ のグラフ上の点をAとする。

AF$=2$ のとき，Aの x 座標を求めよ。

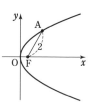

☑ ■Aの■ **244** (1) 焦点が点 $(5, 0)$，準線が直線 $x=-5$ である放物線の方程式
  まとめ を求めよ。

(2) 放物線 $y=-\dfrac{1}{2}x^2$ の焦点と準線を求めよ。

■軌跡（点と直線から等距離）

例題 31　点 A(3, 6) と x 軸から等距離にある点Pの軌跡を求めよ。

指針　**軌跡**　条件を満たす点を P(x, y) として，条件から x，y の関係式を導く。

解答　点Pの座標を (x, y) とし，Pから x 軸に下ろした
垂線を PH とすると
$$AP = PH \quad \text{すなわち} \quad AP^2 = PH^2$$
よって $(x-3)^2 + (y-6)^2 = y^2$
ゆえに $(x-3)^2 = 12(y-3)$ …… ①
よって，条件を満たす点Pは，放物線① 上にある。
逆に，放物線① 上の任意の点 P(x, y) は，条件
を満たす。
したがって，求める軌跡は　**放物線 $(x-3)^2 = 12(y-3)$** 答
$$\left(\text{放物線 } y = \frac{1}{12}x^2 - \frac{1}{2}x + \frac{15}{4} \text{ でもよい}\right)$$

■■■ B ■■■

245 次の条件を満たす点Pの軌跡を求めよ。
(1) 点 A(3, 0) と直線 $x = -3$ から等距離にある点P
*(2) 点 A(4, 4) と x 軸から等距離にある点P

*246 放物線 $y^2 = 4x$ 上の点Qと点 A(4, 0) を結ぶ線分 AQ の中点Pの軌跡を求めよ。

247 次の条件を満たす点Pの軌跡を求めよ。
*(1) 直線 $x = 5$ に接し，点 $(-5, 0)$ を通る円の中心P
(2) x 軸に接し，円 $x^2 + (y-5)^2 = 1$ に外接する円の中心P
(3) 半円周 $x^2 + y^2 = 25$，$y \geqq 0$ と x 軸 $(-5 \leqq x \leqq 5)$ に接する円の中心P
*(4) 円 $x^2 + (y+2)^2 = 1$ と直線 $y = 1$ の両方に接する円の中心P

248 放物線 $C : x^2 = 4y$ の焦点をF，C 上の点をP，Pから準線に下ろした垂線を PH とする。△PFH が正三角形になるとき，Pの x 座標 a を求めよ。また，$a > 0$ のとき，辺 FH と C の交点Qの x 座標 b と △PFQ の面積 S を求めよ。

249 放物線 $y^2 = 8x$ 上の点Pと定点 A$(a, 0)$ との距離の最小値を求めよ。ただし，a は実数の定数とする。

22　楕円

1　楕円

① **楕円 $\dfrac{x^2}{a^2}+\dfrac{y^2}{b^2}=1\ (a>b>0)$ の性質**

[1]　中心は原点，長軸の長さ $2a$，短軸の長さ $2b$

[2]　焦点は2点 $(\sqrt{a^2-b^2},\ 0)$，$(-\sqrt{a^2-b^2},\ 0)$

[3]　楕円は x 軸，y 軸，原点に関して対称である。

[4]　楕円上の点から2つの焦点までの距離の和は $2a$

② **焦点が y 軸上にある楕円　$\dfrac{x^2}{a^2}+\dfrac{y^2}{b^2}=1\ (b>a>0)$**

中心は原点，長軸の長さ $2b$，短軸の長さ $2a$，焦点が2点 $(0,\ \sqrt{b^2-a^2})$，$(0,\ -\sqrt{b^2-a^2})$ の楕円。楕円上の点から2つの焦点までの距離の和は $2b$

③ **円と楕円**　楕円 $\dfrac{x^2}{a^2}+\dfrac{y^2}{b^2}=1$ は，円 $x^2+y^2=a^2$ を x 軸をもとにして y 軸方向に $\dfrac{b}{a}$ 倍に縮小または拡大して得られる曲線。

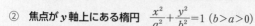

■■A■■

☑ **250** 次の楕円の長軸の長さ，短軸の長さ，および焦点を求めよ。また，その楕円の概形をかけ。

*(1)　$\dfrac{x^2}{36}+\dfrac{y^2}{16}=1$　　　　　*(2)　$\dfrac{x^2}{9}+\dfrac{y^2}{25}=1$

*(3)　$16x^2+25y^2=400$　　　　　(4)　$16x^2+9y^2=144$

☑ **251** 中心が原点，長軸が x 軸上にあり，次の条件を満たす楕円の方程式を求めよ。

*(1)　長軸の長さが6，短軸の長さが4

(2)　2つの焦点間の距離が6，長軸の長さが10

*(3)　2点 $\left(\dfrac{3\sqrt{3}}{2},\ 1\right)$，$\left(\dfrac{3}{2},\ \sqrt{3}\right)$ を通る

*(4)　2点 $(\sqrt{7},\ 0)$，$(-\sqrt{7},\ 0)$ を焦点とし，短軸の長さが6

☑ **252** 円 $x^2+y^2=25$ を次のように拡大または縮小した曲線の方程式を求めよ。

*(1)　x 軸をもとにして y 軸方向に $\dfrac{4}{5}$ 倍

(2)　y 軸をもとにして x 軸方向に3倍

☑ ■**Aの**■
　　まとめ　**253** (1)　楕円 $4x^2+y^2=4$ の概形をかけ。また，その焦点を求めよ。

(2)　2点 $(0,\ 4)$，$(0,\ -4)$ からの距離の和が12である楕円の方程式を求めよ。

■ 楕円と線分の長さの積

例題 32

原点をO, 楕円 $\dfrac{x^2}{9}+\dfrac{y^2}{25}=1$ と y 軸の交点をA, Bとする。A, B以外の楕円上の点をPとし, 直線PA, PBと x 軸の交点をそれぞれQ, Rとするとき, OQ・OR は一定であることを示せ。

指針 楕円と線分の長さの積 $P(x_0,\ y_0)$ とおいて, OQ・OR を $x_0,\ y_0$ で表す。

解答
$P(x_0,\ y_0)$, $A(0,\ 5)$, $B(0,\ -5)$ とする。
条件から $x_0 \neq 0$, $y_0 \neq \pm 5$
また $\dfrac{x_0^2}{9}+\dfrac{y_0^2}{25}=1$ ……①
直線 PA, PB の方程式は, それぞれ
　　　　PA：$(y_0-5)x-x_0y+5x_0=0$
　　　　PB：$(y_0+5)x-x_0y-5x_0=0$
この方程式で $y=0$ とすると, それぞれ
　　　$x=\dfrac{-5x_0}{y_0-5}$, $x=\dfrac{5x_0}{y_0+5}$
よって $\text{OQ}\cdot\text{OR}=\left|\dfrac{-5x_0}{y_0-5}\right|\cdot\left|\dfrac{5x_0}{y_0+5}\right|=\left|\dfrac{25x_0^2}{y_0^2-25}\right|$
①から $25x_0^2=9(25-y_0^2)$ ゆえに $\text{OQ}\cdot\text{OR}=9$ (一定) **終**

B

254 楕円 $\dfrac{x^2}{9}+\dfrac{y^2}{4}=1$ に内接し, 辺が座標軸に平行である長方形について, 次のような長方形の2辺の長さを求めよ。
(1)　周の長さが12　　　　　　　(2)　面積が最大

***255** 長さが10の線分 AB の端点Aは x 軸上を, 端点Bは y 軸上を動くとき, 線分 AB を $3:2$ に内分する点Pの軌跡を求めよ。

256 楕円 $4x^2+9y^2=36$ …… ① と2点 $A(-2,\ 0)$, $B(2,\ 0)$ がある。
(1)　① 上の点Qと原点を結ぶ線分の中点Pの軌跡を求めよ。
(2)　① 上の点Qと2点 A, B でできる $\triangle ABQ$ の重心Pの軌跡を求めよ。

***257** 楕円上の点Pと短軸の両端を結ぶ直線が長軸またはその延長と交わる2点をQ, Rとし, Oを楕円の中心とするとき, OQ・OR は一定であることを示せ。

***258** 楕円 $\dfrac{x^2}{9}+\dfrac{y^2}{4}=1$ 上の点と点 $(1,\ 0)$ との距離の最小値と最大値を求めよ。

第4章
式と曲線

23 双曲線

1 双曲線

① **双曲線 $\dfrac{x^2}{a^2} - \dfrac{y^2}{b^2} = 1$ $(a > 0,\ b > 0)$ の性質**

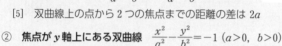

[1] 中心は原点，頂点は2点 $(a,\ 0)$，$(-a,\ 0)$

[2] 焦点は2点 $(\sqrt{a^2+b^2},\ 0)$，$(-\sqrt{a^2+b^2},\ 0)$

[3] 双曲線は x 軸，y 軸，原点に関して対称

[4] 漸近線は2直線 $\dfrac{x}{a} - \dfrac{y}{b} = 0$，$\dfrac{x}{a} + \dfrac{y}{b} = 0$

[5] 双曲線上の点から2つの焦点までの距離の差は $2a$

② **焦点が y 軸上にある双曲線** $\dfrac{x^2}{a^2} - \dfrac{y^2}{b^2} = -1$ $(a > 0,\ b > 0)$

中心が原点，頂点が2点 $(0,\ b)$，$(0,\ -b)$，焦点が2点 $(0,\ \sqrt{a^2+b^2})$，$(0,\ -\sqrt{a^2+b^2})$ の双曲線。

漸近線は2直線 $\dfrac{x}{a} - \dfrac{y}{b} = 0$，$\dfrac{x}{a} + \dfrac{y}{b} = 0$

双曲線上の点から2つの焦点までの距離の差は $2b$

③ **直角双曲線** $x^2 - y^2 = a^2$ $(a \neq 0)$

互いに直交する漸近線をもつ双曲線。

■ A ■

☐ **259** 次の双曲線の頂点，焦点，および漸近線を求めよ。また，概形をかけ。

*(1) $\dfrac{x^2}{16} - \dfrac{y^2}{25} = 1$ 　　　　*(2) $\dfrac{x^2}{4} - \dfrac{y^2}{8} = -1$

*(3) $9x^2 - 16y^2 = 144$ 　　　　(4) $x^2 - y^2 = -25$

☐ **260** 次のような双曲線の方程式を求めよ。

(1) 双曲線上の点と2つの焦点 $(6,\ 0)$，$(-6,\ 0)$ までの距離の差が6

*(2) 焦点が $(0,\ 3)$，$(0,\ -3)$ で，点 $(4,\ 5)$ を通る

*(3) 漸近線が2直線 $y = 2x$，$y = -2x$ で，点 $(3,\ 0)$ を通る

(4) 漸近線が直交して，焦点が $(3,\ 0)$，$(-3,\ 0)$ である

*(5) 頂点が $(0,\ 4)$，$(0,\ -4)$ である直角双曲線

☐ **Aのまとめ** **261** (1) 双曲線 $4x^2 - 16y^2 = 16$ の概形をかけ。また，その焦点と漸近線を求めよ。

(2) 2点 $(9,\ 0)$，$(-9,\ 0)$ からの距離の差が6である双曲線の方程式を求めよ。

■■ **軌跡（条件を満たす内分点）**

例題 33

2 つの直線 $y=x$，$y=-x$ 上にそれぞれ点 A，B がある。三角形 OAB の面積 S が 9 のとき，線分 AB を 2：1 に内分する点Pの軌跡を求めよ。ただし，点Oは原点とする。

指針 **軌跡** A(s, s)，B$(t, -t)$，P(x, y) として，条件 △OAB$=9$，AP：PB$=2：1$ から，s，t，x，y についての関係式を作る。

これらの関係式から，文字 s，t を消去して，x，y だけの関係式を導く。

解答

$st \neq 0$ として，A(s, s)，B$(t, -t)$ とおける。

OA$=\sqrt{2}|s|$，OB$=\sqrt{2}|t|$，$\angle$AOB$=90°$ であるから

$$S=\frac{1}{2}OA \cdot OB=|st|$$

$S=9$ から $|st|=9$ …… ①

P(x, y) とすると $x=\dfrac{s+2t}{3}$，$y=\dfrac{s-2t}{3}$

よって $s=\dfrac{3}{2}(x+y)$，$t=\dfrac{3}{4}(x-y)$ …… ②

② を ① に代入して $\dfrac{9}{8}|x^2-y^2|=9$

ゆえに $x^2-y^2=\pm 8$ …… ③

よって，条件を満たす点Pは，双曲線 ③ 上にある。

逆に，双曲線 ③ 上の任意の点 P(x, y) は，条件を満たす。

したがって，求める軌跡は **双曲線 $x^2-y^2=\pm 8$** **答**

☐ *262 直線 $x=2$ までの距離と点 $(8, 0)$ までの距離の比が 1：2 となる点Pの軌跡を求めよ。

☐ 263 双曲線 $\dfrac{x^2}{a^2}-\dfrac{y^2}{b^2}=1$ $(a>0, \ b>0)$ の焦点と漸近線の距離を求めよ。

☐ *264 楕円 $\dfrac{x^2}{8}+\dfrac{y^2}{4}=1$ 上の点 $(2, \sqrt{2})$ を通り，この楕円の焦点を焦点とする双曲線の方程式を求めよ。

☐ *265 双曲線上の任意の点Pから 2 つの漸近線に垂線 PQ，PR を引くと，PQ・PR は一定であることを証明せよ。

☐ 266 双曲線上の 1 点Pを通り，2 つの焦点を結ぶ直線に垂直な直線が，この双曲線の漸近線と交わる点を A，B とする。このとき，PA・PB は一定であることを証明せよ。

第 4 章
式と曲線

24 2次曲線の平行移動

1 平行移動

曲線 $F(x, y)=0$ を x 軸方向に p, y 軸方向に q だけ
平行移動して得られる曲線の方程式は
$$F(x-p, y-q)=0$$

2 対称移動

曲線 $F(x, y)=0$ を次の直線や点に関して対称移動
して得られる曲線の方程式は

① **x 軸**　　$F(x, -y)=0$
② **y 軸**　　$F(-x, y)=0$
③ **原点**　　$F(-x, -y)=0$
④ **直線 $y=x$**　$F(y, x)=0$

3 回転移動

曲線 $F(x, y)=0$ を原点を中心として θ だけ回転移動して得られる曲線の方程式は
$$F(x\cos\theta+y\sin\theta, -x\sin\theta+y\cos\theta)=0$$
※回転移動については, $p.62$ 例題35 を参照。

A

☑ **267** 次の2次曲線を, x 軸方向に 2, y 軸方向に -3 だけ平行移動して得られる
曲線の方程式を求めよ。また, その焦点を求めよ。

(1)　$y^2=x$　　　　　　*(2)　$\dfrac{x^2}{4}+\dfrac{y^2}{9}=1$　　　(3)　$x^2-\dfrac{y^2}{25}=1$

☑ **268** 次の2次曲線を平行移動して, 中心が原点になるようにしたときの曲線の方
程式を求めよ。

(1)　$2x^2-y^2+2y+1=0$　　　　　(2)　$4x^2-8y^2-16x-16y=0$

☑ **269** 次の方程式はどのような図形を表すか。また, その概形をかけ。更に, 放物
線なら頂点と焦点, 楕円なら中心と焦点, 双曲線なら焦点と漸近線を求めよ。

*(1)　$y^2+4y-4x+12=0$　　　　　*(2)　$9x^2+4y^2-36x+8y+4=0$

(3)　$x^2-4y^2+4x+24y-36=0$

☑ **Aの まとめ 270** (1)　双曲線 $x^2-4y^2=4x$ の中心, 焦点, および漸近線を求めよ。

(2)　曲線 $4x^2+9y^2-16x+54y+61=0$ の概形をかけ。

■ 2次曲線の対称移動

例題 34　楕円 $x^2+4y^2=4$ を次の直線または点に関して対称移動して得られる曲線の方程式を求めよ。
(1)　直線 $y=1$　　　　　　　　(2)　点 $(1, 2)$

指針 **対称移動**　曲線上の点 $P(X, Y)$ が点 $Q(x, y)$ に移るとする。
(2)　線分 PQ の中点が点 $(1, 2)$

解答　対称移動により，楕円上の点 $P(X, Y)$ が点 $Q(x, y)$ に移るとする。
点 (X, Y) は楕円 $x^2+4y^2=4$ 上にあるから　　$X^2+4Y^2=4$ ……①
(1)　線分 PQ の中点が直線 $y=1$ 上にあるから

$$x=X, \ \frac{Y+y}{2}=1 \qquad よって \qquad X=x, \ Y=2-y$$

これを①に代入して　　$x^2+4(2-y)^2=4$
ゆえに，求める方程式は　　$\boldsymbol{x^2+4(y-2)^2=4}$ **答**
(2)　線分 PQ の中点が点 $(1, 2)$ であるから

$$\frac{X+x}{2}=1, \ \frac{Y+y}{2}=2 \qquad よって \qquad X=2-x, \ Y=4-y$$

これを①に代入して　　$(2-x)^2+4(4-y)^2=4$
ゆえに，求める方程式は　　$\boldsymbol{(x-2)^2+4(y-4)^2=4}$ **答**

参考　この問題では，楕円の中心の移動に着目して解いてもよい。
(1)　中心 $(0, 0) \longrightarrow (0, 2)$ より y 軸方向に 2 だけ平行移動
(2)　中心 $(0, 0) \longrightarrow (2, 4)$ より x 軸方向に 2，y 軸方向に 4 だけ平行移動

271 次の軌跡を求めよ。
(1)　2点 $(2, 5)$，$(2, -1)$ からの距離の和が 10 である点の軌跡
*(2)　2点 $(6, -1)$，$(-2, -1)$ からの距離の差が 4 である点の軌跡
(3)　点 $\left(2, \dfrac{3}{2}\right)$ と直線 $y=\dfrac{1}{2}$ からの距離が等しい点の軌跡
*(4)　点 $(1, -2)$ と直線 $x=5$ からの距離が等しい点の軌跡

272 漸近線の方程式が $y=2x-3$，$y=-2x+5$ で，点 $(3, 1)$ を通る双曲線 C の方程式を求めよ。

273 放物線 $y^2=4x$ を次の直線または点に関して対称移動して得られる曲線の方程式を求めよ。
(1)　x 軸　　　　*(2)　y 軸　　　　(3)　原点　　　　*(4)　直線 $y=x$
*(5)　直線 $y=2$　　　(6)　直線 $x=-3$　　　*(7)　点 $(-4, 1)$

第4章
式と曲線

2次曲線の回転移動

例題 35 双曲線 $x^2-y^2=2$ を，原点を中心として $\frac{\pi}{4}$ だけ回転して得られる曲線の方程式を求めよ。

指針 **回転移動** 平面上の回転移動には，複素数平面を利用するとよい。

原点を中心とする角 θ の回転によって，点 $P(X, Y)$ が点 $Q(x, y)$ に移るとすると，点Pは点Qを原点を中心として $-\theta$ だけ回転した点であるから

$$X+Yi=\{\cos(-\theta)+i\sin(-\theta)\}(x+yi)=(\cos\theta-i\sin\theta)(x+yi)$$
$$=(x\cos\theta+y\sin\theta)+(-x\sin\theta+y\cos\theta)i$$

よって $X=x\cos\theta+y\sin\theta,\ Y=-x\sin\theta+y\cos\theta$ ……（＊）

この $X,\ Y$ を，点 $P(X, Y)$ の満たす方程式に代入して整理する。

解答 原点を中心とする $\frac{\pi}{4}$ の回転によって，双曲線 $x^2-y^2=2$ 上の点 $P(X, Y)$ が点 $Q(x, y)$ に移るとする。点Pは，点Qを原点を中心として $-\frac{\pi}{4}$ だけ回転した点であるから，複素数平面で考えると

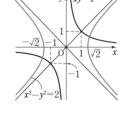

$$X+Yi=\left\{\cos\left(-\frac{\pi}{4}\right)+i\sin\left(-\frac{\pi}{4}\right)\right\}(x+yi)$$
$$=\left(\frac{1}{\sqrt{2}}-\frac{1}{\sqrt{2}}i\right)(x+yi)=\frac{1}{\sqrt{2}}(x+y)+\frac{1}{\sqrt{2}}(y-x)i$$

よって $X=\frac{1}{\sqrt{2}}(x+y),\ Y=\frac{1}{\sqrt{2}}(y-x)$ ……①

点Pは双曲線 $x^2-y^2=2$ 上にあるから $X^2-Y^2=2$

① を代入して整理すると $\boldsymbol{xy=1}$ **答**

参考 （＊）の式は，次のように三角関数の加法定理を用いて求めることもできる。

OQ$=r$，x軸の正の向きから半直線 OQ までの回転角を α とすると

$$x=r\cos\alpha,\ y=r\sin\alpha$$

また，OP$=r$ で，x軸の正の向きから半直線 OP までの回転角は $\alpha-\theta$ であるから

$$X=r\cos(\alpha-\theta)=r\cos\alpha\cos\theta+r\sin\alpha\sin\theta=x\cos\theta+y\sin\theta$$
$$Y=r\sin(\alpha-\theta)=r\sin\alpha\cos\theta-r\cos\alpha\sin\theta=-x\sin\theta+y\cos\theta$$

発展

☐ **274** 次の曲線を，原点を中心として（ ）内の角だけ回転して得られる曲線の方程式を求めよ。

(1) $xy=2$ $\left(\frac{\pi}{4}\right)$　　　(2) $x^2+4y^2=4$ $\left(\frac{\pi}{3}\right)$　　　(3) $y^2=4x$ $\left(\frac{\pi}{2}\right)$

☐ **275** 次の曲線を，原点を中心として（ ）内の角だけ回転して得られる曲線の方程式を求めよ。

$$3x^2+2\sqrt{3}\,xy+y^2-8x+8\sqrt{3}\,y=0 \quad \left(\frac{\pi}{3}\right)$$

25　2次曲線と直線

---

1 **2次曲線と直線**

① **共有点の座標**　2次曲線と直線の方程式を連立させたときの実数解

② **位置関係**　2次曲線と直線の方程式を連立させたものから1変数を消去して，2次または1次の方程式が得られるとき［2次方程式の判別式をDとする］

　2点で交わる $\iff$ 2次で $D>0$　　　　　接する $\iff$ 2次で $D=0$

　1点で交わる $\iff$ 1次　　　　　　共有点がない $\iff$ 2次で $D<0$

注意　放物線と直線（軸に平行），双曲線と直線（漸近線に平行）の場合，1変数を消去すると1次方程式になる。そのときは1点で交わる。

2 **2次曲線と接線**　2次曲線上の点 $(x_1,\ y_1)$ における接線の方程式

① **放物線**　$y^2=4px$　の接線は　$y_1y=2p(x+x_1)$

② **楕円**　$\dfrac{x^2}{a^2}+\dfrac{y^2}{b^2}=1$ の接線は　$\dfrac{x_1x}{a^2}+\dfrac{y_1y}{b^2}=1$

③ **双曲線**　$\dfrac{x^2}{a^2}-\dfrac{y^2}{b^2}=1$ の接線は　$\dfrac{x_1x}{a^2}-\dfrac{y_1y}{b^2}=1$

☐ **276** 次の曲線と直線の共有点の座標を求めよ。

*(1)　$\dfrac{x^2}{9}+\dfrac{y^2}{4}=1,\ 2x-3y=0$　　　　(2)　$\dfrac{x^2}{4}-y^2=1,\ x+2y=1$

(3)　$y^2=4x,\ x+y=1$　　　　*(4)　$y^2=6x,\ 2y-x=6$

☐*277 次の直線と2次曲線が [ ] 内の条件を満たすように，定数 a, m, b の値，またはその値の範囲を定めよ。(2)においては，その接点の座標も求めよ。

(1)　$y=2x+a,\ x^2-y^2=1$　　　　［異なる2点で交わる］

(2)　$y=mx+3,\ 4x^2+9y^2=36$　　　　［接する］

(3)　$x+by=2,\ y^2=-8x$　　　　［共有点をもたない］

☐ **278** k は定数とする。次の曲線と直線の共有点の個数を調べよ。

(1)　$x^2+2y^2=4,\ y=2x+k$　　　　(2)　$y^2=3x,\ kx+y=1$

☐ **279** 次の直線と曲線の2つの交点を結んだ線分の長さと中点の座標を求めよ。

*(1)　$x+y=1,\ x^2+4y^2=4$　　　　(2)　$2x+y=3,\ x^2-y^2=1$

☐*280 (1)　点 $(0,\ 2)$ から楕円 $x^2+4y^2=4$ に引いた接線の方程式を求めよ。

(2)　傾きが2で放物線 $y^2=4x$ に接する直線の方程式を求めよ。

☐ **Aの まとめ** **281** (1)　双曲線 $4x^2-9y^2=36$ と直線 $x+y=k$ の共有点の個数を調べよ。ただし，k は定数とする。

(2)　点 $(-1,\ 0)$ から放物線 $y^2=x$ に引いた接線を求めよ。

第4章

式と曲線

■ 線分の中点の軌跡

例題 36

放物線 $y^2=x$ …… ① と直線 $y=x+k$ …… ② が異なる 2 点 P，Q で交わるとき，線分 PQ の中点 R の軌跡を求めよ。

■指針■ **線分の中点の軌跡** 異なる 2 点 ⟶ 異なる 2 つの実数解 ⟶ $D>0$
　　　　 線分の中点の x 座標は，解と係数の関係を利用して求める。

解答 ② を ① に代入して y を消去すると　　$x^2+(2k-1)x+k^2=0$ …… ③

③ の判別式を D とすると　　　　　　　$D=(2k-1)^2-4k^2=-4k+1$

① と ② が異なる 2 点で交わるから　　$D>0$ すなわち $k<\dfrac{1}{4}$ …… ④

2 点 P，Q の x 座標をそれぞれ x_1, x_2 とすると，x_1, x_2 は ③ の異なる 2 つの実数解である。線分 PQ の中点 R の座標を (x, y) とすると

$$x=\frac{x_1+x_2}{2}=\frac{-(2k-1)}{2}=-k+\frac{1}{2} \quad\cdots\cdots ⑤, \qquad y=x+k=\frac{1}{2}$$

④，⑤ から　　　$k=-x+\dfrac{1}{2}<\dfrac{1}{4}$　　　　　よって　　$x>\dfrac{1}{4}$

ゆえに，求める軌跡は　　**直線 $y=\dfrac{1}{2}$ の $x>\dfrac{1}{4}$ の部分** **答**　（逆の確認は省略）

B

282 次の曲線上の与えられた点における接線の方程式を求めよ。

*(1) $\dfrac{x^2}{9}+\dfrac{y^2}{4}=1$, $\left(\sqrt{5}, \dfrac{4}{3}\right)$ 　　　(2) $\dfrac{x^2}{4}-\dfrac{y^2}{9}=1$, $(4, 3\sqrt{3})$

*(3) $4x^2-y^2=4$, $(2, 2\sqrt{3})$ 　　　　*(4) $y^2=4x$, $(1, -2)$

283 次の曲線の，与えられた点から引いた接線の方程式と接点の座標を求めよ。

*(1) $4x^2+y^2=4$, $(\sqrt{5}, 2\sqrt{5})$ 　　　(2) $y^2=8x$, $(3, 5)$

***284** 楕円 $x^2+4y^2=4$ と直線 $y=x+k$ が異なる 2 点 P，Q で交わるとき，線分 PQ の中点 R の軌跡を求めよ。

285 放物線 $y^2=8x$ と円 $x^2+y^2=2$ の共通接線の方程式を求めよ。

***286** 楕円 $x^2+4y^2=4$ 上の 3 点 $A(-2, 0)$，$B(0, 1)$，P を頂点とする $\triangle APB$ の面積が最大となる点 P の座標を求めよ。

287 k は定数とする。次の曲線と直線の共有点の個数を調べよ。

(1) $y^2=-12x$, $y=k$ 　　　　　　　*(2) $x^2-\dfrac{y^2}{4}=1$, $y=2x+k$

(3) $\dfrac{x^2}{9}-y^2=-1$, $y=kx$

26 補 2次曲線と領域

1 2次曲線と領域

① 不等式 $\dfrac{x^2}{a^2} \pm \dfrac{y^2}{b^2} < 1$ の表す領域は，曲線 $\dfrac{x^2}{a^2} \pm \dfrac{y^2}{b^2} = 1$ を境界線とする領域の，原点を含む部分。ただし，境界線を含まない。

② 不等式 $\dfrac{x^2}{a^2} \pm \dfrac{y^2}{b^2} > 1$ の表す領域は，曲線 $\dfrac{x^2}{a^2} \pm \dfrac{y^2}{b^2} = 1$ を境界線とする領域の，原点を含まない部分。ただし，境界線を含まない。

■ 2次曲線と領域

例題 37

次の不等式の表す領域を図示せよ。

(1) $\dfrac{x^2}{9} + \dfrac{y^2}{4} < 1$　(2) $\dfrac{x^2}{4} - y^2 \leqq 1$　(3) $\dfrac{x^2}{4} - y^2 > 1$

指針 **領域** 不等号を等号におき換えた式が表す図形が境界線となる。原点を含むかどうかで領域を決定する。

解答

(1)
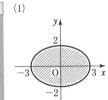

(2)

(3)
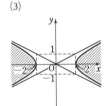

図の斜線部分。
境界線を含まない。 **答**

図の斜線部分。
境界線を含む。 **答**

図の斜線部分。
境界線を含まない。 **答**

発展

288 次の不等式の表す領域を図示せよ。

(1) $\dfrac{x^2}{4} + \dfrac{y^2}{9} > 1$　(2) $\dfrac{x^2}{4} - \dfrac{y^2}{9} \leqq 1$　(3) $\dfrac{y^2}{4} - \dfrac{x^2}{9} > 1$

289 x, y は正の実数とする。$AB = 1$, $BC = x$, $CA = y$ で $\angle BAC$ と $\angle ABC$ が鋭角である $\triangle ABC$ が存在するような点 (x, y) の存在範囲を，座標平面上に図示せよ。

290 (1) k は定数とする。直線 $2x + 3y = k$ が曲線 $4x^2 + 9y^2 = 36$ と共有点をもつときの k の値の範囲を求めよ。

(2) 実数 x, y が $4x^2 + 9y^2 \leqq 36$ を満たすとき，$2x + 3y$ の最大値，最小値を求めよ。

27 2次曲線の性質

1 焦点，準線，離心率

定点Fと，Fを通らない定直線 ℓ があり，平面上の点Pから ℓ に下ろした垂線をPHとする。PF：PH＝e：1（一定）であるとき，点Pの軌跡は次のようになる。

$0 < e < 1$ のとき楕円，　$e＝1$ のとき放物線，　$e > 1$ のとき双曲線

（F：焦点　ℓ：焦点Fに対する準線　e：離心率）

参考 放物線で $p \neq 0$，楕円で $a > b > 0$，双曲線で $a > 0$，$b > 0$ とする。

放物線 $y^2 = 4px$ 　　F：$(p, 0)$ 　　$\ell : x = -p$ 　　$e = 1$

楕円 $\dfrac{x^2}{a^2} + \dfrac{y^2}{b^2} = 1$ 　F：$(\pm ae, 0)$ 　$\ell : x = \pm\dfrac{a}{e}$ 　$e = \dfrac{\sqrt{a^2 - b^2}}{a} < 1$

双曲線 $\dfrac{x^2}{a^2} - \dfrac{y^2}{b^2} = 1$ 　F：$(\pm ae, 0)$ 　$\ell : x = \pm\dfrac{a}{e}$ 　$e = \dfrac{\sqrt{a^2 + b^2}}{a} > 1$

■ 軌跡（距離の比が一定）

例題 38 点 F$(1, 0)$ からの距離と，直線 $\ell : x = -2$ からの距離の比が $1 : 2$ である点Pの軌跡を求めよ。

指針 **軌跡** 条件を満たす点を P(x, y) として，条件から x，y の関係式を導く。

解答 P(x, y) から直線 ℓ に下ろした垂線を PH とすると，

PF：PH＝1：2 から　　PH²＝4PF²

よって　　　　$(x+2)^2 = 4\{(x-1)^2 + y^2\}$

整理すると　　$\dfrac{(x-2)^2}{4} + \dfrac{y^2}{3} = 1$ ……①

よって，点Pは楕円①上にある。

逆に，楕円①上の任意の点 P(x, y) は，条件を満たす。

したがって，求める軌跡は　**楕円 $\dfrac{(x-2)^2}{4} + \dfrac{y^2}{3} = 1$** **答**

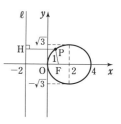

■■ B ■■

□***291** 点 F$(7, 0)$ からの距離と，直線 $x = 1$ からの距離の比が次のような点Pの軌跡を求めよ。

(1) $1 : 1$ 　　　　　(2) $2 : 1$ 　　　　　(3) $1 : 2$

□ **292** 楕円 $\dfrac{x^2}{9} + \dfrac{y^2}{4} = 1$ について，焦点 F$(\sqrt{5}, 0)$ に対する準線の方程式を $x = k$ $(k > 0)$ とする。k の値と，この楕円の離心率 e の値を求めよ。

ヒント 292 楕円上の任意の点を P(x, y)，Pから準線に下ろした垂線を PH とする。

PF：PH＝e：1，$\dfrac{x^2}{9} + \dfrac{y^2}{4} = 1$ から x の2次方程式を導く。

28 曲線の媒介変数表示

1 媒介変数表示 (パラメータ表示)

① **放物線** $y^2=4px$ $\begin{cases} x=pt^2 \\ y=2pt \end{cases}$　② **円** $x^2+y^2=a^2$ $\begin{cases} x=a\cos\theta \\ y=a\sin\theta \end{cases}$

③ **楕円** $\dfrac{x^2}{a^2}+\dfrac{y^2}{b^2}=1$ $\begin{cases} x=a\cos\theta \\ y=b\sin\theta \end{cases}$　④ **双曲線** $\dfrac{x^2}{a^2}-\dfrac{y^2}{b^2}=1$ $\begin{cases} x=\dfrac{a}{\cos\theta} \\ y=b\tan\theta \end{cases}$

⑤ **サイクロイド** $x=a(\theta-\sin\theta),\ y=a(1-\cos\theta)$

2 曲線 $x=f(t)$, $y=g(t)$ の平行移動

曲線 $x=f(t)$, $y=g(t)$ を x 軸方向に p, y 軸方向に q だけ平行移動した曲線の媒介変数表示は　　　$x=f(t)+p,\ y=g(t)+q$

☑ **293** 次の式で表される点 $P(x,\ y)$ は, どのような曲線を描くか。

(1) $x=t+1,\ y=2t-3$　　　　*(2) $x=t-1,\ y=t^2+2$

(3) $x=t+1,\ y=\sqrt{t}$　　　　(4) $x=\sqrt{t},\ y=\sqrt{1-t}$

*(5) $x=\sqrt{1-t^2},\ y=t^2+1$

☑ **294** 次の放物線の頂点は, t の値が変化するとき, どのような曲線を描くか。

(1) $y=x^2-2tx+2$　　　　*(2) $y=-x^2+2tx+(t-1)^2$

☑ **295** 双曲線 $x^2-y^2=1$ と直線 $y=x+t$ との交点について考え, この双曲線を, t を媒介変数として表せ。

☑ **296** 次の曲線を, 角 θ を媒介変数として表せ。

*(1) $x^2+y^2=9$　　　　(2) $\dfrac{x^2}{25}+\dfrac{y^2}{9}=1$

*(3) $\dfrac{x^2}{4}-y^2=1$　　　　*(4) $\dfrac{(x-1)^2}{16}+\dfrac{(y+2)^2}{9}=1$

☑ **297** 次の媒介変数表示は, どのような曲線を表すか。

(1) $x=2\cos\theta,\ y=2\sin\theta$　　　*(2) $x=3\cos\theta,\ y=\sin\theta$

(3) $x=2\cos\theta-1,\ y=3\sin\theta$　　*(4) $x=\dfrac{1}{\cos\theta}-2,\ y=2\tan\theta+3$

☑ **Aの まとめ** **298** 次の媒介変数表示は, どのような曲線を表すか。

(1) $x=1-2t,\ y=2t^2-1$　　　(2) $x=\dfrac{1}{\cos\theta}+1,\ y=2\tan\theta+2$

第4章 式と曲線

媒介変数で表された曲線

例題 **39**

次の式で表される点 P(x, y) は，どのような曲線を描くか。
$$x=\frac{2}{1+t^2}, \quad y=\frac{2t}{1+t^2}$$

指針 **媒介変数表示** t, t^2 の連立方程式とみて解き，t を消去。x, y が媒介変数 t の分数式で表されているときは，除外点があることが多いので注意。

解答 $x=\dfrac{2}{1+t^2}$, $y=\dfrac{2t}{1+t^2}$ から　　$xt^2=2-x$ …… ①,　　$yt^2-2t=-y$ …… ②

また，$x=0$ は ① を満たさないから　　$x \neq 0$

①，② を t, t^2 の連立方程式とみて解くと　　$t=\dfrac{y}{x}$, $t^2=\dfrac{2}{x}-1$

t を消去して　　$\left(\dfrac{y}{x}\right)^2=\dfrac{2}{x}-1$　　　　整理すると　　$x^2-2x+y^2=0$

よって，求める曲線は　　**円 $(x-1)^2+y^2=1$　ただし，点 $(0, 0)$ を除く。** 答

別解 $x^2+y^2=\left(\dfrac{2}{1+t^2}\right)^2+\left(\dfrac{2t}{1+t^2}\right)^2=\dfrac{4}{1+t^2}=2x$

ここで，$x=\dfrac{2}{1+t^2}>0$ であるから　　$x \neq 0$　　として解いてもよい。

B

299 $x=-t+1$, $y=t^2-2t-1$ で表される曲線 C と同じ曲線を表すものを，次の①～③ のうちからすべて選べ。

① $x=t+2$, $y=t^2+4t+2$ 　　　② $x=t+3$, $y=t^2+3t-3$

③ $x=t^2-4$, $y=t^4-8t^2+14$

300 次の式で表される点 P(x, y) は，どのような曲線を描くか。

(1) $x=t+\dfrac{1}{t}$, $y=t-\dfrac{1}{t}$ 　　　*(2) $x=\dfrac{1-t^2}{1+t^2}$, $y=\dfrac{6t}{1+t^2}$

(3) $x=\sin\theta$, $y=\cos 2\theta$ 　　　*(4) $x=2\sin\theta+\cos\theta$, $y=\sin\theta-2\cos\theta$

*301 原点を通る傾き t の直線 ℓ が，2直線 $x+y-4=0$, $x-y-4=0$ と交わる点をそれぞれ A，B とし，線分 AB の中点を P とする。

(1) 点 P の座標を媒介変数 t で表せ。

(2) t の値が変化するとき，点 P はどのような曲線を描くか。

302 双曲線 $\dfrac{x^2}{a^2}-\dfrac{y^2}{b^2}=1$ $(a>0, b>0)$ 上の点 P における接線が，2つの漸近線と交わる点を Q，R とし，原点を O とする。次のことを，媒介変数表示を利用して証明せよ。

(1) P は線分 QR の中点 　　　(2) △OQR の面積は一定

いろいろな曲線の媒介変数表示

例題 40

原点Oを中心とする半径aの定円上を，半径bの円Cが外接しながらすべることなく回転していく。C上の定点Pの最初の位置を点$(a, 0)$として，Pが描く曲線を媒介変数θで表せ。ただし，円Cの中心をCとして，x軸の正の向きから半直線OCまでの回転角をθとする。

指針 $\overrightarrow{\mathrm{OP}}=\overrightarrow{\mathrm{OC}}+\overrightarrow{\mathrm{CP}}$ であり，$\overrightarrow{\mathrm{OC}}$, $\overrightarrow{\mathrm{CP}}$ の成分をθで表すことを考える。なお，点$(a, 0)$をA，定円と円Cの接点をQとすると，$\overarc{\mathrm{AQ}}=\overarc{\mathrm{PQ}}$ である。

解答 半直線OCが角θだけ回転したときのPの座標を(x, y)，定円と円Cの接点をQ，点$(a, 0)$をAとする。

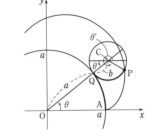

$\overarc{\mathrm{AQ}}=a\theta$, $\overarc{\mathrm{PQ}}=b\times\angle\mathrm{QCP}$, $\overarc{\mathrm{AQ}}=\overarc{\mathrm{PQ}}$ であるから
$$a\theta=b\times\angle\mathrm{QCP}$$

すなわち　$\angle\mathrm{QCP}=\dfrac{a}{b}\theta$

よって，x軸の正の向きから半直線CPまでの回転角をθ'とすると

$$\theta'=\pi+\theta+\frac{a}{b}\theta=\pi+\frac{a+b}{b}\theta$$

ゆえに　$\overrightarrow{\mathrm{CP}}=(b\cos\theta', b\sin\theta')=\left(-b\cos\dfrac{a+b}{b}\theta, -b\sin\dfrac{a+b}{b}\theta\right)$

また　$\overrightarrow{\mathrm{OC}}=((a+b)\cos\theta, (a+b)\sin\theta)$

$(x, y)=\overrightarrow{\mathrm{OP}}=\overrightarrow{\mathrm{OC}}+\overrightarrow{\mathrm{CP}}$ であるから

$$x=(a+b)\cos\theta-b\cos\frac{a+b}{b}\theta, \quad y=(a+b)\sin\theta-b\sin\frac{a+b}{b}\theta \quad \boxed{\text{答}}$$

参考 この曲線を外サイクロイド（エピサイクロイド）という。

■■ 発展 ■■■

☐ **303** 原点Oを中心とする半径 2 の円Cに，長さ 4π の糸が一端を点 $\mathrm{A}(2, 0)$ に固定して，時計回りで巻きつけてある。この糸の他端Pを引っ張りながらほどいていく。糸と円Cとの接点をQとし，$\angle\mathrm{AOQ}=\theta$ として，再びQがAと一致するまでにPが描く曲線を媒介変数θで表せ。

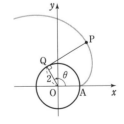

ヒント 303　$\overarc{\mathrm{AQ}}=\mathrm{PQ}$ であることに着目。

第4章　式と曲線

29 極座標

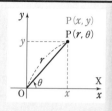

1 極座標と直交座標の関係

点Pの極座標 (r, θ) と直交座標 (x, y) の間には,
次の関係がある。

① $x = r\cos\theta, \ y = r\sin\theta$

② $r = \sqrt{x^2 + y^2}$

$r \neq 0$ のとき $\cos\theta = \dfrac{x}{r}, \ \sin\theta = \dfrac{y}{r}$

■A■

304 極座標で表された次の点の位置を図示せよ。

(1) $\left(3, \dfrac{\pi}{4}\right)$ *(2) $\left(2, \dfrac{5}{3}\pi\right)$ (3) $\left(2, -\dfrac{4}{3}\pi\right)$

305 極座標が次のような点の直交座標を求めよ。

(1) $\left(3, \dfrac{\pi}{6}\right)$ *(2) $\left(4, -\dfrac{2}{3}\pi\right)$ (3) $\left(2, -\dfrac{7}{4}\pi\right)$

306 直交座標が次のような点の極座標 (r, θ) を求めよ。ただし, $0 \leqq \theta < 2\pi$ とする。

(1) $(4, 4)$ *(2) $(-2, -2\sqrt{3})$ (3) $(3, -\sqrt{3})$

Aの まとめ 307 (1) 極座標が $\left(2, -\dfrac{\pi}{3}\right)$ であるような点Pの直交座標を求めよ。

         (2) 直交座標が $(\sqrt{3}, -1)$ であるような点Qの極座標 (r, θ) を求めよ。ただし, $0 \leqq \theta < 2\pi$ とする。

■B■

308 極座標で与えられた点 $A\left(3, \dfrac{\pi}{6}\right)$, $B\left(2, \dfrac{5}{4}\pi\right)$, $C\left(2, \dfrac{5}{3}\pi\right)$, $D\left(1, -\dfrac{5}{4}\pi\right)$ と極Oおよび始線のそれぞれに関して対称な点の極座標 (r, θ) を求めよ。ただし, $0 \leqq \theta < 2\pi$ とする。

309 極がOの極座標に関して, 2点 $A\left(2, \dfrac{\pi}{6}\right)$, $B\left(4, \dfrac{5}{6}\pi\right)$ がある。

     (1) 線分 AB の長さを求めよ。   (2) △OAB の面積を求めよ。

30 極方程式

---

1 極方程式

① **円** [1] 中心が極，半径が a 　　　　　　　$r=a$

　　　　　　 [2] 中心の極座標が $(a,\ 0)$，半径が a 　　$r=2a\cos\theta$

　　　　　　 [3] 中心の極座標が $(r_1,\ \theta_1)$，半径が a 　　$r^2+r_1{}^2-2rr_1\cos(\theta-\theta_1)=a^2$

② **直線** [1] 極Oを通り，始線とのなす角が α 　　$\theta=\alpha$

　　　　　　 [2] 極座標が $(a,\ \alpha)$ である点Aを通り，OA に垂直（Oは極）

　　　　　　　　$r\cos(\theta-\alpha)=a\ (a>0)$

③ **2 次曲線** 極座標が $(a,\ 0)$ である点Aを通り，始線 OX に垂直な直線を ℓ とす

　　る。離心率 $e\ (p.66)$ の 2 次曲線の極方程式は　　$r=\dfrac{ea}{1+e\cos\theta}$

　　$0<e<1$ のとき　Oを焦点の 1 つとする楕円

　　$e=1$　　　のとき　Oを焦点，ℓ を準線とする放物線

　　$e>1$　　　のとき　Oを焦点の 1 つとする双曲線

■■■ A ■■■

☐ **310** 次の極方程式で表される曲線を図示せよ。

(1) $r=3$ 　　　　　　*(2) $r=8\cos\theta$ 　　　　　(3) $\theta=\dfrac{2}{3}\pi$

(4) $r\cos\theta=2$ 　　*(5) $r\cos\left(\theta-\dfrac{\pi}{6}\right)=3$ 　*(6) $r\sin\theta=3$

☐ **311** 極座標に関して，次の図形の極方程式を求めよ。

(1) 中心が $(3,\ 0)$ で極Oを通る円

(2) 点 $A\left(2,\ \dfrac{\pi}{4}\right)$ を通り，OA に垂直な直線（Oは極）

*(3) 中心が極O，半径が a である円上の点 $\left(a,\ \dfrac{\pi}{3}\right)$ における接線

☐ **312** 次の極方程式の表す曲線を，直交座標に関する方程式で表せ。

*(1) $r=2\cos\theta$ 　　　(2) $r^2\cos 2\theta=1$ 　　　(3) $r\cos\left(\theta-\dfrac{2}{3}\pi\right)=3$

☐ **313** 次の曲線を極方程式で表せ。

(1) $x=5$ 　　　　　　(2) $y=-\sqrt{3}\,x$ 　　　*(3) $x+y-4=0$

*(4) $x^2+y^2=4x$ 　　*(5) $y^2=-4x$ 　　　(6) $x^2-y^2=9$

☐ ■**Aの**■ **314** 次の極方程式はどのような曲線を表すか。また，その曲線を図示
　 まとめ 　　せよ。

(1) $r=4\cos\theta$ 　　　　　　(2) $r\cos\left(\theta-\dfrac{\pi}{3}\right)=4$

極方程式（2点を通る直線）

例題 41 2点 A, B の極座標が $A(\sqrt{3}, 0)$, $B\left(\dfrac{\sqrt{3}}{2}, \dfrac{\pi}{3}\right)$ であるとき, 直線 AB の極方程式を求めよ。

指針 **2点を通る直線の極方程式** 直交座標に直して直線の方程式を求め, それを再び極座標にもどす。

解答 2点 A, B を直交座標で表すと $A(\sqrt{3}, 0)$, $B\left(\dfrac{\sqrt{3}}{4}, \dfrac{3}{4}\right)$

よって, 直線 AB の直交座標に関する方程式は

$$y - 0 = \frac{\dfrac{3}{4} - 0}{\dfrac{\sqrt{3}}{4} - \sqrt{3}}(x - \sqrt{3}) \quad \text{すなわち} \quad y = -\frac{1}{\sqrt{3}}x + 1$$

これに $x = r\cos\theta$, $y = r\sin\theta$ を代入すると $r\sin\theta = -\dfrac{1}{\sqrt{3}}r\cos\theta + 1$

したがって $r(\sqrt{3}\sin\theta + \cos\theta) = \sqrt{3}$ **答**

参考 更に, 式を変形すると $r\cos\left(\theta - \dfrac{\pi}{3}\right) = \dfrac{\sqrt{3}}{2}$ と表される。

315 次の極方程式で表される曲線を極座標平面上にかけ。

(1) $r\sin\theta + r\cos\theta = 2$ *(2) $r\sin\theta - \sqrt{3}\,r\cos\theta = 4$

316 次の極方程式で表される曲線を直交座標平面上にかけ。

*(1) $r^2\sin 2\theta = -2$ (2) $\dfrac{1}{r} = \sqrt{3}\sin\theta - \cos\theta$

317 極座標に関して, 次の円または直線の極方程式を求めよ。

(1) 中心が $\left(3, \dfrac{\pi}{5}\right)$ で半径が 3 の円

(2) 点 $\left(2, \dfrac{\pi}{3}\right)$ を通り, 始線とのなす角が $\dfrac{\pi}{6}$ である直線

(3) 中心が $\left(2, \dfrac{\pi}{6}\right)$, 半径が $\sqrt{3}$ である円に極から引いた 2 本の接線

318 極座標に関して, 次の 2 点 A, B を通る直線の極方程式を求めよ。

*(1) $A\left(3\sqrt{3}, \dfrac{\pi}{2}\right)$, $B\left(3, \dfrac{2}{3}\pi\right)$ (2) $A\left(2, \dfrac{\pi}{3}\right)$, $B\left(2, \dfrac{7}{6}\pi\right)$

319 次の極方程式の表す円の中心の極座標と半径を求めよ。ただし, $0 \leqq \theta < 2\pi$ とする。

(1) $r^2 - 8r(\cos\theta - \sin\theta) + 7 = 0$ *(2) $r = \sqrt{3}\sin\theta - \cos\theta$

軌跡（極座標）

例題 42 a は正の定数とする。中心の極座標が $(a, 0)$ で，極Oを通る定円を C とし，Pを極Oを除く C 上の動点とする。線分 OP を $2:1$ に内分する点Qの軌跡の極方程式を求めよ。

指針 軌跡（極座標）

[1] まず，$P(r_1, \theta_1)$，$Q(r_2, \theta_2)$ とおき，r_1，θ_1 を，r_2 と θ_2 の式で表す。

[2] (r_1, θ_1) の満たす方程式に，[1] で求めた式を代入し，(r_2, θ_2) の満たす方程式を導く。

解答 円 C の極方程式は $\quad r=2a\cos\theta \quad \cdots\cdots ①$

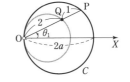

2点 P，Q の極座標を，それぞれ (r_1, θ_1)，(r_2, θ_2) とする。（ただし $r_1 \neq 0$，$r_2 \neq 0$）

Qが線分 OP を $2:1$ に内分することから

$$r_2=\frac{2}{3}r_1, \quad \theta_2=\theta_1 \quad \text{すなわち} \quad r_1=\frac{3}{2}r_2, \quad \theta_1=\theta_2$$

(r_1, θ_1) は方程式 ① を満たすから $\quad r_1=2a\cos\theta_1$

よって $\quad \dfrac{3}{2}r_2=2a\cos\theta_2 \qquad$ ゆえに $\quad r_2=\dfrac{4}{3}a\cos\theta_2$

したがって，求める極方程式は $\quad r=\dfrac{4}{3}a\cos\theta$ **（ただし $r \neq 0$）** 答

参考 軌跡は，中心 $\left(\dfrac{2}{3}a, 0\right)$，半径 $\dfrac{2}{3}a$ の円から点Oを除いた図形である。

320 次の極方程式の表す曲線を，直交座標に関する方程式で表せ。

*(1) $\quad r=\dfrac{2}{1-\cos\theta}$ $\qquad$ (2) $\quad r=\dfrac{6}{1+2\cos\theta}$ $\qquad$ *(3) $\quad r=\dfrac{2}{2+\cos\theta}$

*321 点Aの極座標を $(3, 0)$ とする。極Fからの距離と，Aを通り始線に垂直な直線 ℓ までの距離の比が，次のように一定である点Pの描く曲線の極方程式を求めよ。

(1) $\quad \dfrac{1}{2}:1$ $\qquad\qquad\qquad$ (2) $\quad 1:1$

322 a は正の定数とする。中心の極座標が $(a, 0)$ で極Oを通る円を C とし，極Oを除く C 上の動点をPとする。線分 OP を1辺とする正方形 OPQR を作るとき，点Qの軌跡の極方程式を求めよ。

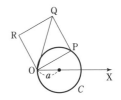

ヒント 322 正方形 OPQR は2通り考えられる。

第4章 式と曲線

31　第4章　演習問題

媒介変数表示と最大・最小

例題 43

楕円 $4x^2+9y^2=36$ 上の $x>0$, $y>0$ の部分にある点Rにおける接線と x 軸，y 軸との交点をそれぞれ P，Q とするとき，△OPQ の面積の最小値とそのときの接点の座標を求めよ。

指針　**媒介変数表示の利用**　曲線上の点を媒介変数表示すると，条件式が扱いやすくなることがある。楕円 $4x^2+9y^2=36$ 上の点 $\longrightarrow$ $(3\cos\theta, 2\sin\theta)$

解答　楕円上の点 $R(3\cos\theta, 2\sin\theta)$ $\left(0<\theta<\dfrac{\pi}{2}\right)$ における

接線の方程式は

$$4(3\cos\theta)x+9(2\sin\theta)y=36$$

よって　$P\left(\dfrac{3}{\cos\theta}, 0\right)$, $Q\left(0, \dfrac{2}{\sin\theta}\right)$

ゆえに　$\triangle OPQ=\dfrac{1}{2}\cdot\dfrac{3}{\cos\theta}\cdot\dfrac{2}{\sin\theta}=\dfrac{6}{\sin2\theta}$

$0<2\theta<\pi$ であるから　$0<\sin2\theta\leqq1$

よって，$\sin2\theta$ が最大のとき，すなわち $\sin2\theta=1$ のとき △OPQ は最小である。

このとき，$2\theta=\dfrac{\pi}{2}$ から $\theta=\dfrac{\pi}{4}$ で △OPQ の面積は **最小値6** をとる。

また，接点Rは $\left(3\cos\dfrac{\pi}{4}, 2\sin\dfrac{\pi}{4}\right)$ すなわち **接点** $\left(\dfrac{3\sqrt{2}}{2}, \sqrt{2}\right)$ 　**答**

B

☐ **323** 楕円 $4x^2+y^2=4$ が直線 $y=mx$ から切り取る弦の長さが $\sqrt{6}$ のとき，定数 m の値を求めよ。

☐ **324** 点 $P(x_0, y_0)$ から次の曲線に引いた2本の接線が直交するときの点Pの軌跡を求めよ。

(1)　楕円 $9x^2+16y^2=144$ 　　　(2)　放物線 $y^2=x$

☐ **325** 楕円 $C_1:\dfrac{x^2}{a^2}+\dfrac{y^2}{b^2}=1$ と双曲線 $C_2:\dfrac{x^2}{c^2}-\dfrac{y^2}{d^2}=1$ を考える。C_1 と C_2 の焦点が一致しているならば，C_1 と C_2 の交点でそれぞれの接線は直交することを示せ。

☐ **326** 点 $P(x, y)$ が楕円 $x^2+4y^2=16$ 上を動くとき，$x^2+4\sqrt{3}\,xy-4y^2$ の最大値と最小値を求めよ。

■ 2 次曲線の性質

例題 44　楕円の1つの焦点Fを通る直線と楕円との交点をP, Qとするとき, $\dfrac{1}{PF}+\dfrac{1}{QF}$ は一定である。このことを, 極座標を利用して証明せよ。

指針　**2次曲線の性質（極座標の利用）**　定点Fからの距離 PF, QF について調べるから, Fを極にとる。楕円の極方程式は p.71 参照。

解答　焦点Fを極, FからFに対する準線 ℓ に向かって垂直に引いた半直線を始線にとる。

また, 楕円の離心率を e とし, 準線と始線との交点の極座標を $(a, 0)$ とすると, この楕円の極方程式は

$$r=\frac{ea}{1+e\cos\theta}$$

P, Q の極座標はそれぞれ (r_1, θ_1), $(r_2, \theta_1+\pi)$ とおける。（ただし $r_1>0$, $r_2>0$）

よって　$r_1=\dfrac{ea}{1+e\cos\theta_1}$, $r_2=\dfrac{ea}{1+e\cos(\theta_1+\pi)}=\dfrac{ea}{1-e\cos\theta_1}$

ゆえに　$\dfrac{1}{PF}+\dfrac{1}{QF}=\dfrac{1}{r_1}+\dfrac{1}{r_2}=\dfrac{1+e\cos\theta_1}{ea}+\dfrac{1-e\cos\theta_1}{ea}=\dfrac{2}{ea}$

したがって, $\dfrac{1}{PF}+\dfrac{1}{QF}$ は一定である。　**終**

■■■ 発展 ■■■

☐ **327** 次の2つの2次曲線の共有点の座標を求めよ。

(1) $\begin{cases} y=2x^2-5 \\ 4x^2+y^2=25 \end{cases}$　(2) $\begin{cases} x=y^2-1 \\ x^2-y^2=1 \end{cases}$　(3) $\begin{cases} (x-1)^2-y^2=-1 \\ x^2-y^2=9 \end{cases}$

☐ **328** 極方程式 $r=\dfrac{3}{1+\cos\theta}$ で表される曲線は, 極Oを焦点とする放物線である。この放物線の焦点Oを通り, 互いに直交する2つの弦を AB, CD とするとき, $\dfrac{1}{AB}+\dfrac{1}{CD}$ の値を求めよ。

☐ **329** 楕円 $\dfrac{x^2}{a^2}+\dfrac{y^2}{b^2}=1$ $(a>b>0)$ の中心Oから互いに垂直な2つの半直線を引き, 楕円との交点をP, Qとすると, $\dfrac{1}{OP^2}+\dfrac{1}{OQ^2}$ は一定である。このことを, 極座標を利用して証明せよ。

ヒント **328** B, C, D の偏角は, Aの偏角を用いて表される。
　　　329 $x=r\cos\theta$, $y=r\sin\theta$ として, 極方程式に直す。

総 合 問 題

ここでは，思考力・判断力・表現力の育成に特に役立つ問題をまとめて掲載しました。

☑ **1** ［図1］のような四角形 ABCD において，対角線
の交点をOとし，点 A，B，C，D の点Oに関する
位置ベクトルをそれぞれ $\vec{a}$，$\vec{b}$，$\vec{c}$，$\vec{d}$ とする。

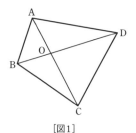

[図1]

(1) 点Oに関する位置ベクトルが

$$\vec{g}=\frac{\vec{a}+\vec{b}+\vec{c}+\vec{d}}{4} \text{ と表される点Gは，四角形}$$

ABCD の各対辺の中点を結ぶ線分の交点である
ことを証明せよ。

(2) ［図2］のように，点Oは対角線 AC を $s:(1-s)$ に内分し，対角線 BD
を $t:(1-t)$ に内分する点であるとする。ただし，$s\neq\dfrac{1}{2}$，$t\neq\dfrac{1}{2}$ である。こ
のとき，$\vec{c}$，$\vec{d}$ をそれぞれ $\vec{a}$，$\vec{b}$ を用いて表せ。

(3) ［図3］のように，四角形 ABCD を2通りの方法で2つの三角形に分割
する。△ABC の重心を G_1，△ADC の重心を G_2 とし，線分 G_1G_2 を
△ADC：△ABC に内分する点を G′ とする。また，△ABD の重心を G_3，
△CBD の重心を G_4 とし，線分 G_3G_4 を △CBD：△ABD に内分する点を
G″ とする。点 G′ と点 G″ は一致することを証明せよ。

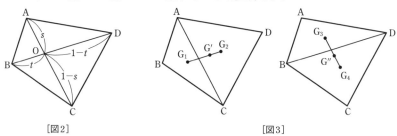

[図2]　　　　　　　　　　　　　　　[図3]

(4) 線分 G_1G_2 と線分 G_3G_4 の交点を G_0 とする。点Gと点 G_0 は一致するか。

□ **2** $0<\theta<\dfrac{\pi}{2}$ とする。複素数平面上において，原点を中心とする半径 1 の円周上に異なる 5 点 $P_1(w_1)$, $P_2(w_2)$, $P_3(w_3)$, $P_4(w_4)$, $P_5(w_5)$ が反時計回りに並んでおり，次の 2 つの条件 (A), (B) を満たすとする。

(A) $(w_2-w_1)^2\cos^2\theta+(w_5-w_1)^2\sin^2\theta=0$ が成り立つ。

(B) $\dfrac{w_3}{w_2}$ と $-\dfrac{w_4}{w_2}$ は方程式 $z^2-\sqrt{3}\,z+1=0$ の 2 つの解である。

また，五角形 $P_1P_2P_3P_4P_5$ の面積を S とする。

(1) 五角形 $P_1P_2P_3P_4P_5$ の頂点 P_1 における内角 $\angle P_5P_1P_2$ を求めよ。

(2) S を θ を用いて表せ。

(3) $R=|w_1+w_2+w_3+w_4+w_5|$ とする。このとき，R^2+2S は θ の値によらず一定であることを示せ。

□ **3** 座標平面上において，点 $(x,\ y)$ は x と y がともに有理数のときに有理点と呼ばれる。3 つの頂点がすべて有理点である正三角形は存在しないことを示せ。ただし，必要ならば $\sqrt{3}$ が無理数であることを証明せずに用いてもよい。

総合問題

□ **4** 地球は太陽を 1 つの焦点とする楕円上を動くことが知られている。この楕円を C とする。地球が太陽に最も近づくときの距離は約 1 億 4700 万 km であり，地球が太陽から最も離れるときの距離は約 1 億 5200 万 km である。

(1) 楕円 C の長軸の長さは約何 km か。

(2) 楕円 C の中心から太陽までの距離 c は約何 km か。

(3) (1) で求めた長軸の長さの半分を a とする。
地球が太陽に最も近づくときと地球が太陽から最も離れるときを考えることにより，楕円 C の離心率 e を a, c を用いて表せ。また，e の値を，小数第 4 位を四捨五入して小数第 3 位まで求めよ。

答と略解

1 (1) ④, ⑥

(2) ②, ⑤, ⑥, ⑦, ⑧

(3) ⑥

(4) ⑤

(5) ④, ⑤, ⑥, ⑪

2 [(1) $\overrightarrow{PQ}+\overrightarrow{QR}+\overrightarrow{RS}=\overrightarrow{PR}+\overrightarrow{RS}=\overrightarrow{PS}$

(2) （左辺）$-$（右辺）$=\overrightarrow{PQ}-\overrightarrow{RS}-\overrightarrow{PR}-\overrightarrow{SQ}$

$=\overrightarrow{PQ}+\overrightarrow{QS}+\overrightarrow{SR}+\overrightarrow{RP}=\vec{0}$]

3 ［図］

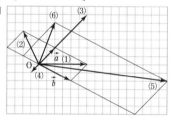

4 (1) $-2\vec{a}$ (2) $2\vec{a}$ (3) $\vec{a}+4\vec{b}$

(4) $6\vec{a}+17\vec{b}$

5 (1) $\vec{x}=2\vec{a}+3\vec{b}$ (2) $\vec{x}=3\vec{a}+4\vec{b}$

6 (1) $\pm 6\vec{e}$ (2) $\pm\dfrac{\vec{a}}{6}$

7 (1) $-\vec{a}+\vec{b}$ (2) $-\dfrac{1}{2}\vec{a}+\dfrac{1}{2}\vec{b}$ (3) $\vec{a}+\vec{b}$

(4) $\dfrac{1}{2}\vec{a}+\dfrac{1}{2}\vec{b}$

8 (1) $\vec{a}+\vec{b}$ (2) $\vec{a}-\vec{b}$ (3) $-2\vec{a}-\vec{b}$

(4) $-\vec{a}-2\vec{b}$

9 $\overrightarrow{BC}=-\vec{b}+\vec{c}$, $\overrightarrow{AD}=\dfrac{1}{2}\vec{b}+\dfrac{1}{2}\vec{c}$,

$\overrightarrow{BE}=-\vec{b}+\dfrac{1}{2}\vec{c}$, $\overrightarrow{DF}=-\dfrac{1}{2}\vec{c}$

[$\overrightarrow{BC}=\overrightarrow{BA}+\overrightarrow{AC}=-\overrightarrow{AB}+\overrightarrow{AC}$

$\overrightarrow{AD}=\overrightarrow{AB}+\overrightarrow{BD}=\overrightarrow{AB}+\dfrac{1}{2}\overrightarrow{BC}$

$\overrightarrow{BE}=\overrightarrow{BA}+\overrightarrow{AE}=-\overrightarrow{AB}+\dfrac{1}{2}\overrightarrow{AC}$

$\overrightarrow{DF}=\overrightarrow{DB}+\overrightarrow{BF}=-\overrightarrow{BD}-\dfrac{1}{2}\overrightarrow{AB}$

別解 $\overrightarrow{BC}=\overrightarrow{AC}-\overrightarrow{AB}$ など]

10 $-\dfrac{1}{5}\vec{a}+\dfrac{1}{5}\vec{b}$

[求める単位ベクトルは $\dfrac{\overrightarrow{BD}}{|\overrightarrow{BD}|}$

$|\overrightarrow{BD}|=\sqrt{3^2+4^2}$]

11 (1) $\vec{x}=\vec{a}+2\vec{b}$, $\vec{y}=\vec{a}-4\vec{b}$

(2) $\vec{x}=\dfrac{4}{5}\vec{a}-\dfrac{2}{5}\vec{b}$, $\vec{y}=\dfrac{1}{5}\vec{a}-\dfrac{3}{5}\vec{b}$

12 [(1) $\overrightarrow{OP}=2(3\vec{b}-2\vec{a})$

$\overrightarrow{AB}=\overrightarrow{OB}-\overrightarrow{OA}=3\vec{b}-2\vec{a}$

よって $\overrightarrow{OP}=2\overrightarrow{AB}$

(2) $\overrightarrow{PQ}=\overrightarrow{OQ}-\overrightarrow{OP}=2\vec{b}$, $\overrightarrow{OB}=\vec{b}$

よって $\overrightarrow{PQ}=2\overrightarrow{OB}$]

13 $\vec{a}=\dfrac{5}{4}\vec{u}-\dfrac{5}{8}\vec{v}$, $\vec{b}=-\dfrac{1}{2}\vec{u}+\dfrac{5}{4}\vec{v}$

14 [四角形 ABCD が平行四辺形ならば

$\overrightarrow{AB}=\overrightarrow{DC}$

よって $\overrightarrow{AC}+\overrightarrow{BD}$

$=(\overrightarrow{AD}+\overrightarrow{DC})+(\overrightarrow{BA}+\overrightarrow{AD})=2\overrightarrow{AD}$

逆に，$\overrightarrow{AC}+\overrightarrow{BD}=2\overrightarrow{AD}$ とすると

$(\overrightarrow{AD}+\overrightarrow{DC})+(\overrightarrow{BA}+\overrightarrow{AD})=2\overrightarrow{AD}$ から

$\overrightarrow{DC}+\overrightarrow{BA}=\vec{0}$

よって $\overrightarrow{AB}=\overrightarrow{DC}$]

15 成分, 大きさの順に

(1) $(-1, 2)$, $\sqrt{5}$

(2) $(2, 3)$, $\sqrt{13}$

(3) $(-3, 6)$, $3\sqrt{5}$

(4) $(2, -4)$, $2\sqrt{5}$

(5) $(1, 5)$, $\sqrt{26}$

(6) $(-3, -1)$, $\sqrt{10}$

(7) $(-8, -5)$, $\sqrt{89}$

16 (1) $\vec{p}=6\vec{a}+\vec{b}$ (2) $\vec{q}=-3\vec{a}-\vec{b}$

[$s\vec{a}+t\vec{b}=(-s+t, s-3t)$ とおき, 成分を比較
する]

17 (1) $t=-8$ (2) $t=-2, 3$

[$\vec{a}\parallel\vec{b}$ ならば $\vec{b}=k\vec{a}$ と表されるから

(1) $(-6, t)=(3k, 4k)$

(2) $(t, t+6)=(k, kt)$]

18 成分，大きさの順に

(1) $(1, 2)$, $\sqrt{5}$

(2) $(-5, -12)$, 13

19 $x=-2$, $y=4$

[$\overrightarrow{AB}=(4, x-3)$, $\overrightarrow{DC}=(8-y, -5)$

$\overrightarrow{AB}=\overrightarrow{DC}$ から　$4=8-y$, $x-3=-5$]

20 (1) $(-2, -11)$, 大きさ $5\sqrt{5}$

(2) $\vec{c}=2\vec{a}-\dfrac{1}{2}\vec{b}$

[(3) $\overrightarrow{CD}=-2\overrightarrow{AB}$]

21 (1) $\left(\dfrac{1}{\sqrt{5}}, \dfrac{2}{\sqrt{5}}\right)$

(2) $(-4, 2\sqrt{5})$

$\left[(1)\ \dfrac{\vec{a}}{|\vec{a}|}\quad(2)\ -\dfrac{6\vec{b}}{|\vec{b}|}\right]$

22 (1) $\vec{x}=(3, -9)$

(2) $\vec{x}=(-2, 6)$, $\vec{y}=(-11, 8)$

$\left[(1)\ \vec{x}=-\vec{a}+\dfrac{3}{2}\vec{b}\right.$

(2) $\left.\vec{x}=\dfrac{2}{3}\vec{a}-\vec{b}, \vec{y}=\dfrac{1}{3}\vec{a}-3\vec{b}\right]$

23 $x=\dfrac{2}{3}$

[$(\vec{a}+3\vec{b}) /\!/ (\vec{b}-\vec{a})$ ならば $\vec{a}+3\vec{b}=k(\vec{b}-\vec{a})$ と

表されるから

$(x+6, -10)=k(2-x, -2)$]

24 $(3, -1)$, $(7, 3)$, $(1, 7)$

[平行四辺形 ABCD, ABDC, ADBC が考え

られる。$\overrightarrow{AB}=\overrightarrow{DC}$, $\overrightarrow{AB}=\overrightarrow{CD}$, $\overrightarrow{AD}=\overrightarrow{CB}$]

25 (1) $t=-1\pm\sqrt{2}$

(2) $t=-1$ のとき最小値 $\sqrt{5}$

[$|\vec{c}|^2=5(t^2+2t+2)$

(1) $t^2+2t-1=0$

(2) $|\vec{c}|^2=5\{(t+1)^2+1\}$]

26 $P(3, 0)$ のとき最小値 9

[点Pの座標を $(x, 0)$ とおくと

$|2\overrightarrow{PA}+\overrightarrow{PB}|^2=9(x-3)^2+9^2$]

27 (1) $6\sqrt{3}$ (2) 0 (3) $-6\sqrt{2}$

28 (1) 5 (2) -3 (3) 0 (4) 20

[(1) $\overrightarrow{AB}\cdot\overrightarrow{AC}=5\times2\cos60°$

(2) $\overrightarrow{AC}\cdot\overrightarrow{CH}=2\times\sqrt{3}\cos150°$

(3) $\overrightarrow{AB}\cdot\overrightarrow{CH}=5\times\sqrt{3}\cos90°$

(4) $\overrightarrow{BA}\cdot\overrightarrow{BC}=|\overrightarrow{BA}|\times|\overrightarrow{BC}|\cos\angle ABC$]

29 (1) $\theta=30°$ (2) $\theta=120°$

30 内積，θ の値の順に

(1) $6\sqrt{3}$, $\theta=30°$ (2) -30, $\theta=135°$

(3) 0, $\theta=90°$ (4) $1+\sqrt{3}$, $\theta=60°$

31 (1) $k=4$ (2) $k=2$ (3) $k=\pm\sqrt{6}$

32 (1) $\vec{e}=\left(\dfrac{1}{\sqrt{2}}, \dfrac{1}{\sqrt{2}}\right)$, $\left(-\dfrac{1}{\sqrt{2}}, -\dfrac{1}{\sqrt{2}}\right)$

(2) $\vec{u}=(1, -2)$, $(-1, 2)$

[(1) $\vec{e}=(x, y)$ とすると

$x^2+y^2=1$, $x-y=0$

(2) $\vec{u}=(x, y)$ とすると

$x^2+y^2=5$, $2x+y=0$]

33 [(1) (左辺)$=\vec{p}\cdot(\vec{p}+2\vec{b})-\vec{a}\cdot(\vec{p}+2\vec{b})$

$=\vec{p}\cdot\vec{p}+\vec{p}\cdot2\vec{b}-\vec{a}\cdot\vec{p}-\vec{a}\cdot2\vec{b}$

(2) (左辺)$=3\vec{a}\cdot(3\vec{a}-4\vec{b})+4\vec{b}\cdot(3\vec{a}-4\vec{b})$

$=9|\vec{a}|^2-12\vec{a}\cdot\vec{b}+12\vec{a}\cdot\vec{b}-16|\vec{b}|^2$

$=9|\vec{a}|^2-16|\vec{b}|^2$]

34 $\sqrt{37}$

[$|2\vec{a}+3\vec{b}|^2=(2\vec{a}+3\vec{b})\cdot(2\vec{a}+3\vec{b})$

$=4|\vec{a}|^2+12\vec{a}\cdot\vec{b}+9|\vec{b}|^2$

$=4\times2^2+12\times2\times1\times\cos60°+9\times1^2=37$]

35 (1) (ア) $-\dfrac{9}{2}$ (イ) $\dfrac{27}{2}$ (ウ) $\dfrac{9}{2}$ (エ) 0

(オ) 18 (カ) 18

(2) $\vec{a}\cdot\vec{b}=-6$, $\theta=150°$

(3) $\vec{u}=(\sqrt{10}, \sqrt{30})$, $(-\sqrt{10}, -\sqrt{30})$

36 $t=-1$

[$(\vec{a}+\vec{b})\cdot(\vec{a}+t\vec{b})=0$ から　$2t+2=0$]

37 [$(\vec{a}+\vec{b})\cdot(\vec{a}-\vec{b})=|\vec{a}|^2-|\vec{b}|^2=0$]

38 (1) $\vec{b}=(1, 0)$, $\left(\dfrac{1}{2}, \dfrac{\sqrt{3}}{2}\right)$ (2) $k=\dfrac{2}{3}$

[(1) $\vec{b}=(x, y)$ とすると　$x^2+y^2=1$ また

$\vec{a}\cdot\vec{b}=|\vec{a}||\vec{b}|\cos30°$ から　$y=-\sqrt{3}(x-1)$

(2) $\vec{c}\cdot\vec{d}=|\vec{c}||\vec{d}|\cos45°$ から

$2+2k=\sqrt{5}\times\sqrt{4+k^2}\cos45°$]

39 $x=\dfrac{\sqrt{5}}{15}$, $y=\dfrac{\sqrt{5}}{3}$

または $x=-\dfrac{\sqrt{5}}{15}$, $y=-\dfrac{\sqrt{5}}{3}$

[$x\vec{a}+y\vec{b}=(x+y, 2x-y)$

であるから，条件により

$x+y+2(2x-y)=0$,

$(x+y)^2+(2x-y)^2=1$]

40 $(-2, 4)$

[$\overrightarrow{OC}=(x, y)$ とおくと

$\overrightarrow{OC}\cdot\overrightarrow{OA}=4x+2y=0$

$\overrightarrow{BC}=(x+4, y-3)$ であるから

$\overrightarrow{BC} /\!/ \overrightarrow{OA}$ により　$(x+4, y-3)=k(4, 2)$]

41 (1) $|\vec{a}+\vec{b}|=5$

(2) $|\vec{a}-\vec{b}|=1$, $\theta=45°$

[(2) $|2\vec{a}+\vec{b}|^2=10$ から $\vec{a}\cdot\vec{b}=1$

よって $|\vec{a}-\vec{b}|^2=1$]

42 (1) $t=-\dfrac{\vec{a}\cdot\vec{b}}{|\vec{b}|^2}$

[(1) $|\vec{a}+t\vec{b}|^2$

$=|\vec{b}|^2\Big(t+\dfrac{\vec{a}\cdot\vec{b}}{|\vec{b}|^2}\Big)^2+|\vec{a}|^2-\dfrac{(\vec{a}\cdot\vec{b})^2}{|\vec{b}|^2}$

(2) $(\vec{a}+t_0\vec{b})\cdot\vec{b}=\vec{a}\cdot\vec{b}-\dfrac{\vec{a}\cdot\vec{b}}{|\vec{b}|^2}|\vec{b}|^2=0$]

43 $t=-18$

[[1] $(3, t)=k(-1, 6)$ から

$3=-k$, $t=6k$

[2] $-3+6t=\pm\sqrt{37}\sqrt{9+t^2}$

両辺を 2 乗して整理すると $(t+18)^2=0$

[3] $(-1)\cdot t-6\cdot3=0$]

44 (1) $|\vec{a}|=|\vec{b}|=|\vec{c}|=\sqrt{2}$

(2) $\theta=120°$

[(1) $\vec{c}=-\vec{a}-\vec{b}$ であるから

$\vec{a}\cdot\vec{b}=\vec{b}\cdot(-\vec{a}-\vec{b})=(-\vec{a}-\vec{b})\cdot\vec{a}=-1$

ゆえに $\vec{a}\cdot\vec{b}=-1$, $-\vec{a}\cdot\vec{b}-|\vec{b}|^2=-1$,

$-|\vec{a}|^2-\vec{a}\cdot\vec{b}=-1$

よって $|\vec{a}|^2=2$, $|\vec{b}|^2=2$

別解 $|\vec{a}|^2=\vec{a}\cdot\vec{a}=\vec{a}\cdot(-\vec{b}-\vec{c})$

$=-\vec{a}\cdot\vec{b}-\vec{a}\cdot\vec{c}=-(-1)-(-1)=2$]

45 (1) $\dfrac{1}{2}$ (2) 15

[(1) $\triangle ABC=\dfrac{1}{2}|3\times1-2\times2|$

(2) $\overrightarrow{AB}=(3, 3)$, $\overrightarrow{AC}=(-3, 7)$ から

$\triangle ABC=\dfrac{1}{2}|3\times7-3\times(-3)|$]

46 (1) $\dfrac{5}{8}\vec{a}+\dfrac{3}{8}\vec{b}$ (2) $\dfrac{1}{2}\vec{a}+\dfrac{1}{2}\vec{b}$

(3) $\dfrac{5}{2}\vec{a}-\dfrac{3}{2}\vec{b}$ (4) $-\dfrac{3}{2}\vec{a}+\dfrac{5}{2}\vec{b}$

47 (1) $\dfrac{3}{5}\vec{c}$ (2) $-\vec{b}+\vec{c}$

(3) $\dfrac{3}{5}\vec{b}+\dfrac{2}{5}\vec{c}$ (4) $-\dfrac{3}{5}\vec{b}+\dfrac{1}{5}\vec{c}$

(5) $\dfrac{1}{3}\vec{b}+\dfrac{1}{3}\vec{c}$ (6) $-\dfrac{1}{3}\vec{b}+\dfrac{2}{3}\vec{c}$

[(4) $\overrightarrow{DE}=\overrightarrow{AE}-\overrightarrow{AD}$]

48 [A, B, C, D, E, F の位置ベクトルを、それぞれ $\vec{a}$, $\vec{b}$, $\vec{c}$, $\vec{d}$, $\vec{e}$, $\vec{f}$ とすると、重心の位置ベクトルはともに

$\dfrac{1}{6}(\vec{a}+\vec{b}+\vec{c}+\vec{d}+\vec{e}+\vec{f})$]

49 [A$(\vec{a})$, B$(\vec{b})$, C$(\vec{c})$, P$(\vec{p})$ とすると

(左辺)$=(\vec{p}-\vec{a})+(\vec{p}-\vec{b})-2(\vec{p}-\vec{c})$

(右辺)$=3\Big(\vec{c}-\dfrac{\vec{a}+\vec{b}+\vec{c}}{3}\Big)$]

50 [A$(\vec{a})$, B$(\vec{b})$, C$(\vec{c})$, D$(\vec{d})$, E$(\vec{e})$, F$(\vec{f})$ とすると

$\overrightarrow{AD}=\vec{d}-\vec{a}=\dfrac{2}{3}\vec{b}+\dfrac{1}{3}\vec{c}-\vec{a}$ など]

51 $\overrightarrow{AI}=\dfrac{1}{4}\vec{b}+\dfrac{2}{5}\vec{c}$

[∠A の二等分線と辺 BC の交点を D とすると,

BD : DC = AB : AC = 8 : 5 から

$\overrightarrow{AD}=\dfrac{5\overrightarrow{AB}+8\overrightarrow{AC}}{8+5}$

また, BI は ∠B の二等分線であるから,

BC = 7 より AI : ID = BA : BD = 13 : 7]

52 [$\overrightarrow{OA}=\vec{a}$, $\overrightarrow{OB}=\vec{b}$, $\overrightarrow{OC}=\vec{c}$ とすると, 線分 A_1A_2, B_1B_2, C_1C_2 の中点の位置ベクトルは

$\dfrac{\vec{a}+\vec{b}+\vec{c}}{4}$]

53 (1) 四角形 ABCP が平行四辺形となる点

(2) 辺 AC を 1 : 2 に内分する点

(3) 辺 BC を 3 : 4 に内分する点

(4) 辺 BC を 3 : 2 に内分する点を Q とすると線分 AQ の中点

[(2) 点 A を始点にとると

$-\overrightarrow{AP}+(\overrightarrow{AB}-\overrightarrow{AP})+(\overrightarrow{AC}-\overrightarrow{AP})=\overrightarrow{AB}$

よって $\overrightarrow{AP}=\dfrac{1}{3}\overrightarrow{AC}$

(3) $\overrightarrow{AP}=\dfrac{4\overrightarrow{AB}+3\overrightarrow{AC}}{7}$

(4) $\overrightarrow{AP}=\dfrac{1}{2}\times\dfrac{2\overrightarrow{AB}+3\overrightarrow{AC}}{5}$]

54 (1) 辺 BC を 4 : 5 に内分する点を Q とすると, 線分 AQ を 3 : 1 に内分する点

(2) 3 : 5 : 4

[(1) $\overrightarrow{AP}=\dfrac{3}{4}\times\dfrac{5\overrightarrow{AB}+4\overrightarrow{AC}}{4+5}$

(2) $4S=\triangle PBQ$ とおくと

$\triangle PCQ=5S$, $\triangle PCA=15S$, $\triangle PAB=12S$]

55 [(1) $\overrightarrow{PQ}=\overrightarrow{OQ}-\overrightarrow{OP}=2(\vec{u}-\vec{v})$,

$\overrightarrow{PR}=\overrightarrow{OR}-\overrightarrow{OP}=-(\vec{u}-\vec{v})$ であるから

$\overrightarrow{PQ}=-2\overrightarrow{PR}$]

56 $x=2, 3$

57 (1) $\overrightarrow{AL}=\dfrac{2}{5}\vec{b}+\dfrac{3}{5}\vec{c}$, $\overrightarrow{NM}=-\dfrac{3}{5}\vec{b}+\dfrac{2}{5}\vec{c}$

[(2) $\vec{b}\cdot\vec{c}=0$, $|\vec{b}|=|\vec{c}|$ よって

$\overrightarrow{AL}\cdot\overrightarrow{NM}=-\dfrac{6}{25}|\vec{b}|^2+\dfrac{6}{25}|\vec{c}|^2-\dfrac{1}{5}\vec{b}\cdot\vec{c}=0$]

58 (1) $s=-1$, $t=2$　(2) $s=0$, $t=\dfrac{3}{2}$

(3) $s=-2$, $t=3$

59 [(1) $\overrightarrow{OB}=-2\overrightarrow{OA}$

(2) $\overrightarrow{AC}=2\overrightarrow{BD}$

(3) $\overrightarrow{AB}\cdot\overrightarrow{ED}=0$]

60 [$\overrightarrow{AB}=\vec{b}$, $\overrightarrow{AC}=\vec{c}$ とすると

$\overrightarrow{AD}=\dfrac{1}{5}\vec{b}$, $\overrightarrow{AE}=\dfrac{3\vec{b}+4\vec{c}}{7}$, $\overrightarrow{AG}=\dfrac{\vec{b}+\vec{c}}{3}$

であることから　$\overrightarrow{DG}=\dfrac{7}{12}\overrightarrow{DE}$]

61 $\overrightarrow{OP}=\dfrac{10}{19}\vec{a}+\dfrac{4}{19}\vec{b}$, $AQ:QB=2:5$

[$AP:PD=s:(1-s)$,

$BP:PC=t:(1-t)$ とすると

$\overrightarrow{OP}=(1-s)\vec{a}+\dfrac{4}{9}s\vec{b}$, $\overrightarrow{OP}=\dfrac{2}{3}t\vec{a}+(1-t)\vec{b}$

また, $\overrightarrow{OQ}=k\overrightarrow{OP}$, $AQ:QB=u:(1-u)$ とすると

$\overrightarrow{OQ}=\dfrac{10}{19}k\vec{a}+\dfrac{4}{19}k\vec{b}$, $\overrightarrow{OQ}=(1-u)\vec{a}+u\vec{b}$]

62 (1) $\overrightarrow{AK}=\dfrac{1}{4}\vec{b}+\dfrac{5}{8}\vec{d}$　(2) $5:3$

[(1) $EK:KD=s:(1-s)$,

$CK:KF=t:(1-t)$ とすると

$\overrightarrow{AK}=(1-s)\overrightarrow{AE}+s\overrightarrow{AD}=\dfrac{2(1-s)}{3}\vec{b}+s\vec{d}$

また $\overrightarrow{AK}=(1-t)\overrightarrow{AC}+t\overrightarrow{AF}$

$=(1-t)\vec{b}+\left(1-\dfrac{t}{2}\right)\vec{d}$

$\vec{b}\neq\vec{0}$, $\vec{d}\neq\vec{0}$ で, $\vec{b}$ と $\vec{d}$ は平行でないから

$\dfrac{2(1-s)}{3}=1-t$, $s=1-\dfrac{t}{2}$

これを解くと　$s=\dfrac{5}{8}$, $t=\dfrac{3}{4}$]

63 [$\overrightarrow{OA}=\vec{a}$, $\overrightarrow{OC}=\vec{c}$ とすると

$\overrightarrow{CD}\cdot\overrightarrow{OE}=\left(\dfrac{1}{3}\vec{a}-\vec{c}\right)\cdot\left(\vec{a}+\dfrac{3}{4}\vec{c}\right)=0$]

64 $\overrightarrow{OH}=\dfrac{1}{9}\overrightarrow{OA}+\dfrac{2}{3}\overrightarrow{OB}$

[$\overrightarrow{OH}=s\overrightarrow{OA}+t\overrightarrow{OB}$ とおいて, $AH\perp OB$,

$BH\perp OA$ から s, t の値を求める。

別解 $AH:HC=s:(1-s)$,

$DH:HB=t:(1-t)$ として, s, t の値を求める]

65 [$\overrightarrow{OA}=\vec{a}$, $\overrightarrow{OB}=\vec{b}$, $\overrightarrow{OC}=\vec{c}$ とすると

$|\vec{a}|=|\vec{b}|=|\vec{c}|$

また, $\overrightarrow{AH}=2\overrightarrow{OM}=\vec{b}+\vec{c}$ から $\overrightarrow{OH}=\vec{a}+\vec{b}+\vec{c}$

以上から, $\overrightarrow{BH}\cdot\overrightarrow{CA}=0$, $\overrightarrow{CH}\cdot\overrightarrow{AB}=0$ を示す]

66 [$\overrightarrow{AB}=\vec{b}$, $\overrightarrow{AD}=\vec{d}$ とすると $\overrightarrow{AE}=\dfrac{2\vec{b}+\vec{d}}{3}$

$\overrightarrow{FC}=\overrightarrow{AC}-\overrightarrow{AF}=(\vec{b}+\vec{d})-\dfrac{\vec{b}+2\vec{d}}{3}=\dfrac{2\vec{b}+\vec{d}}{3}$

よって　$\overrightarrow{AE}=\overrightarrow{FC}$]

67 [(1) $\overrightarrow{MN}=\overrightarrow{MA}+\overrightarrow{AB}+\overrightarrow{BN}$

$=\dfrac{1}{3}(\overrightarrow{DA}+\overrightarrow{BC})+\overrightarrow{AB}$

$\overrightarrow{AB}+\overrightarrow{BC}+\overrightarrow{CD}+\overrightarrow{DA}=\vec{0}$ から

$\overrightarrow{DA}+\overrightarrow{BC}=-\overrightarrow{AB}-\overrightarrow{CD}$

よって　$\overrightarrow{MN}=\dfrac{1}{3}(-\overrightarrow{AB}-\overrightarrow{CD})+\overrightarrow{AB}$

$=\dfrac{2}{3}\overrightarrow{AB}-\dfrac{1}{3}\overrightarrow{CD}$

$AB /\!/ DC$ から $\overrightarrow{CD}=k\overrightarrow{AB}$ と表される。

よって　$\overrightarrow{MN}=\left(\dfrac{2}{3}-\dfrac{k}{3}\right)\overrightarrow{AB}$

(2) $|\overrightarrow{MN}|=\left|\dfrac{2}{3}\overrightarrow{AB}+\dfrac{1}{3}\overrightarrow{DC}\right|$

$=\dfrac{2}{3}|\overrightarrow{AB}|+\dfrac{1}{3}|\overrightarrow{DC}|$]

68 [$\overrightarrow{AB}=\vec{b}$, $\overrightarrow{AC}=\vec{c}$ とすると

$AD^2=|\overrightarrow{AD}|^2=\dfrac{4}{9}|\vec{b}|^2+\dfrac{4}{9}\vec{b}\cdot\vec{c}+\dfrac{1}{9}|\vec{c}|^2$,

$BD^2=|\overrightarrow{BD}|^2=\dfrac{1}{9}|\vec{b}|^2-\dfrac{2}{9}\vec{b}\cdot\vec{c}+\dfrac{1}{9}|\vec{c}|^2$

であることを利用]

69 $s=\dfrac{4}{9}$, $t=\dfrac{1}{6}$

[辺 AB, AC の中点を, それぞれ M, N とすると $OM\perp AB$, $ON\perp AC$

したがって　$\overrightarrow{OM}\cdot\overrightarrow{AB}=0$, $\overrightarrow{ON}\cdot\overrightarrow{AC}=0$]

70 (1) $\begin{cases} x=t \\ y=1-2t \end{cases}$; $y=1-2x$

(2) $\begin{cases} x=2-t \\ y=-1+2t \end{cases}$; $y=-2x+3$

[$\vec{p}=\overrightarrow{OA}+t\vec{d}$]

71 (1) $\begin{cases} x=1+t \\ y=3-t \end{cases}$; $y=-x+4$

(2) $\begin{cases} x=2-t \\ y=4-5t \end{cases}$; $y=5x-6$

[$\vec{p}=\overrightarrow{OA}+t\overrightarrow{AB}$ または $\vec{p}=(1-t)\overrightarrow{OA}+t\overrightarrow{OB}$]

72 (1) $x-2y+3=0$　(2) $3x-y-10=0$

[(1) $(\overrightarrow{OP}-\overrightarrow{OA})\cdot\vec{n}=0$]

73 (1) $x^2+y^2=4$

(2) $(x-3)^2+(y-2)^2=5$

(3) $(x-2)^2+(y-2)^2=5$

(4) $3x-4y-20=0$

[図形上の点をPとすると

(1) $|\overrightarrow{OP}|=2$

(2) $|\overrightarrow{CP}|=|\overrightarrow{CA}|$

(3) $\overrightarrow{AP}\cdot\overrightarrow{BP}=0$

(4) $\overrightarrow{AP}\cdot\overrightarrow{CA}=0$]

74 (1) $\alpha=60°$ (2) $\alpha=45°$

75 (1) 平行な直線：$3x+y-3=0$

垂直な直線：$x-3y-11=0$

(2) 円の方程式：$(x+2)^2+(y-1)^2=25$

接線の方程式：$3x-4y-15=0$

[図形上の点をPとすると

(1) 平行な直線 $\overrightarrow{OP}=\overrightarrow{OA}+t\vec{d}$

垂直な直線 $(\overrightarrow{OP}-\overrightarrow{OA})\cdot\vec{d}=0$

(2) 円の方程式 $|\overrightarrow{BP}|=|\overrightarrow{BC}|$

接線の方程式 $\overrightarrow{CP}\cdot\overrightarrow{BC}=0$]

76 $x-\sqrt{3}\,y+8=0,\ x-\sqrt{3}\,y-8=0$

$\left[\text{求める直線は, } \overrightarrow{OD}=\pm4\times\dfrac{\vec{n}}{|\vec{n}|} \text{ である点 D を}\right.$

通る]

77 (1) $\overrightarrow{AM}=-\dfrac{3}{2}\vec{a},\ \overrightarrow{GC}=-\vec{a}-\vec{b}$

(2) $\vec{p}=\left(2t-\dfrac{1}{2}\right)\vec{a}+t\vec{b}$ (t は実数)

[(1) $\overrightarrow{GA}+\overrightarrow{GB}+\overrightarrow{GC}=\vec{0}$

(2) $\overrightarrow{GP}=\overrightarrow{GM}+t\overrightarrow{CA}$]

78 $a=-2,\ b=2,\ c=-\dfrac{4}{3}$

[直線 $3x+2y-6=0$ の法線ベクトルは $(3,\ 2)$

これを $\vec{m}$ とおくと $\vec{m}\cdot\vec{d}=0,\ \vec{m}\,/\!/\,\vec{n},$

$\vec{m}\cdot(c,\ 2)=0$]

79 (1) $(2,\ 7)$ (2) $(0,\ 3)$

[(1) $s=6-2t,\ 3+2s=1+3t$

(2) 線分 PQ と直線 ℓ が垂直であるから, 直線 ℓ の方向ベクトルを $\vec{d}$ とすると $\vec{d}\perp\overrightarrow{PQ}$]

80 $2x+3y-22=0$

[求める直線上の点をPとすると

$\overrightarrow{AP}\perp\overrightarrow{BC}$ から $\overrightarrow{AP}\cdot\overrightarrow{BC}=0$

$(x-2,\ y-6)\cdot(2,\ 3)=0$]

81 $2x-y-2=0$

[線分 AB の中点は M(3, 4)

求める直線上の点をPとすると

$\overrightarrow{MP}\perp\overrightarrow{AB}$ から $\overrightarrow{MP}\cdot\overrightarrow{AB}=0$

$(x-3,\ y-4)\cdot(4,\ -2)=0$]

82 中心が点 (1, 1), 半径が 1 の円

[点 A, B, C, P の位置ベクトルを, それぞれ $\vec{a},\ \vec{b},\ \vec{c},\ \vec{p}$ とすると

$|(\vec{a}-\vec{p})+(\vec{b}-\vec{p})+(\vec{c}-\vec{p})|=3$

すなわち $\left|\vec{p}-\dfrac{\vec{a}+\vec{b}+\vec{c}}{3}\right|=1$]

83 (1) O を通り, OA に垂直な直線

(2) O を端点とし, 半直線 OA と 60° の角をなす 2 本の半直線

[(1) $\overrightarrow{OP}\cdot\overrightarrow{OA}=0$ $\overrightarrow{OP}\neq\vec{0}$ のとき OP⊥OA,

$\overrightarrow{OP}=\vec{0}$ のとき P は O と一致。

(2) $\vec{p}$ と $\vec{a}$ のなす角を θ とすると $\cos\theta=\dfrac{1}{2}$]

84 (1) $\dfrac{1}{3}\overrightarrow{OA}=\overrightarrow{OA'},\ \dfrac{1}{3}\overrightarrow{OB}=\overrightarrow{OB'}$ となる点 A′, B′ をとると, 線分 A′B′

(2) $4\overrightarrow{OA}=\overrightarrow{OA'},\ 4\overrightarrow{OB}=\overrightarrow{OB'}$ となる点 A′, B′ をとると, 直線 A′B′

(3) $2\overrightarrow{OA}=\overrightarrow{OA''},\ 2\overrightarrow{OB}=\overrightarrow{OB''}$ となる点 A″, B″ をとると, △OA″B″ の周および内部

(4) $\overrightarrow{OC}=2\overrightarrow{OA},\ \overrightarrow{OD}=2\overrightarrow{OB},\ \overrightarrow{OE}=\overrightarrow{OC}+\overrightarrow{OB},$ $\overrightarrow{OF}=\overrightarrow{OC}+\overrightarrow{OD}$ となる点 C, D, E, F をとると, 平行四辺形 BEFD の周および内部

85 (1) [図] (2) [図]

(3) [図] 境界線を含む

(4) [図] 境界線を含む

(5) [図] 境界線を含む

(6) [図]

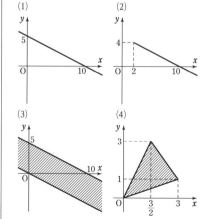

(1) | (2)

(3) | (4)

(5) 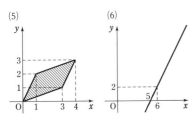　(6)

86 (1) 〔図〕

(2) 〔図〕境界線を含む

(3) 〔図〕

(4) 〔図〕境界線を含む

(1)　(2)

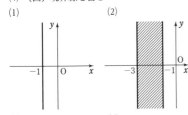

(3)　(4)

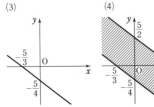

87 (1)〜(3) 〔図〕　(1)

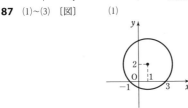

(2)　(3)

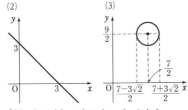

〔(1)　$(x+1)(x-3)+y(y-4)=0$ から

$(x-1)^2+(y-2)^2=8$

(2)　$\sqrt{(x+1)^2+y^2}=\sqrt{(x-3)^2+(y-4)^2}$ から

$x+y-3=0$

(3)　$\sqrt{(x+1)^2+y^2}=3\sqrt{(x-3)^2+(y-4)^2}$ から

$\left(x-\dfrac{7}{2}\right)^2+\left(y-\dfrac{9}{2}\right)^2=\dfrac{9}{2}$〕

88　$120°$

〔$|2\vec{a}-\vec{b}|^2=|\vec{a}+3\vec{b}|^2$ から

$4|\vec{a}|^2-4\vec{a}\cdot\vec{b}+|\vec{b}|^2$

$=|\vec{a}|^2+6\vec{a}\cdot\vec{b}+9|\vec{b}|^2$

よって　$3|\vec{a}|^2-10\vec{a}\cdot\vec{b}-8|\vec{b}|^2=0$

$|\vec{a}|^2=|\vec{b}|^2$ であるから　$\vec{a}\cdot\vec{b}=-\dfrac{1}{2}|\vec{a}|^2$

ゆえに，$\vec{a}$ と $\vec{b}$ のなす角を θ $(0°\leqq\theta\leqq180°)$

とすると　$\cos\theta=\dfrac{\vec{a}\cdot\vec{b}}{|\vec{a}||\vec{b}|}=-\dfrac{1}{2}$〕

89　中心が点 $(3, 1)$，半径が 2 の円

〔原点を O とする。

$|\overrightarrow{OQ}|=4$, $\overrightarrow{OP}=\dfrac{\overrightarrow{OQ}+\overrightarrow{OA}}{2}$ であるから

$|2\overrightarrow{OP}-\overrightarrow{OA}|=4$

よって　$\left|\overrightarrow{OP}-\dfrac{1}{2}\overrightarrow{OA}\right|=2$〕

90 (1)　等号成立は $\vec{a}=\vec{0}$ または $\vec{b}=\vec{0}$ または $\vec{a}$

と $\vec{b}$ の向きが同じとき

〔(1)　$\vec{a}$ と $\vec{b}$ のなす角を θ とすると

$(|\vec{a}|+|\vec{b}|)^2-|\vec{a}+\vec{b}|^2=2(|\vec{a}||\vec{b}|-\vec{a}\cdot\vec{b})$

$=2|\vec{a}||\vec{b}|(1-\cos\theta)$

(2)　(1)から　$|2\vec{a}+3\vec{b}|\leqq|2\vec{a}|+|3\vec{b}|$〕

91　4

〔$\vec{a}+\vec{b}=\vec{p}$, $\vec{a}-\vec{b}=\vec{q}$ とおく。

$|\vec{p}|=1$, $|\vec{q}|=1$, $2\vec{a}-4\vec{b}=-\vec{p}+3\vec{q}$ から

$|2\vec{a}-4\vec{b}|^2=10-6\vec{p}\cdot\vec{q}$, $-1\leqq\vec{p}\cdot\vec{q}\leqq1$〕

92　〔$\overrightarrow{AL}$, $\overrightarrow{BM}$, $\overrightarrow{CN}$ を $\vec{b}$ と $\vec{c}$ を用いて表し，

$\overrightarrow{AL}+\overrightarrow{BM}+\overrightarrow{CN}=\vec{0}$ に代入する〕

93　$1:6$

〔(前半)　BH:HC$=t:(1-t)$, $\overrightarrow{AB}=\vec{b}$,

$\overrightarrow{AC}=\vec{c}$ とすると，$\overrightarrow{AH}\cdot\overrightarrow{BC}=0$ であるから

$\{(1-t)\vec{b}+t\vec{c}\}\cdot(\vec{c}-\vec{b})=0$

また $|\vec{b}|=4$, $|\vec{c}|=6$, $\vec{b}\cdot\vec{c}=12$

(後半)　$\overrightarrow{BN}\cdot\overrightarrow{CM}=\left(\dfrac{2}{15}\vec{c}-\vec{b}\right)\cdot\left(\dfrac{1}{2}\vec{b}-\vec{c}\right)$

$=\dfrac{1}{15}\vec{b}\cdot\vec{c}-\dfrac{2}{15}|\vec{c}|^2-\dfrac{1}{2}|\vec{b}|^2+\vec{b}\cdot\vec{c}$

$|\vec{b}|=4$, $|\vec{c}|=6$, $\vec{b}\cdot\vec{c}=12$ を代入すると

$\overrightarrow{BN}\cdot\overrightarrow{CM}=0$〕

94 (1)　〔図〕

境界線を含む

(2)　3 倍

〔(2)　$\overrightarrow{OE}=2\vec{a}+\vec{b}$,

$\overrightarrow{OF}=\vec{a}-\vec{b}$ とする。

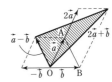

更に $\overrightarrow{OG}=2\vec{a}$ となるように点Gをとり，線分
AG と EF の交点をHとすると AH＝HG
また △OAB：△OHE＝OA：OH,
△OAB：△OHF＝OA：OH]

95 (2) $11x-3y=0$

$\left[\right.$ (1) $\dfrac{\overrightarrow{OA}}{|\overrightarrow{OA}|}=\overrightarrow{OA'}$, $\dfrac{\overrightarrow{OB}}{|\overrightarrow{OB}|}=\overrightarrow{OB'}$ とすると

$|\overrightarrow{OA'}|=1$, $|\overrightarrow{OB'}|=1$ であるから，△OA'B' は
二等辺三角形である。線分 A'B' の中点をCと

すると $\overrightarrow{OC}=\dfrac{\overrightarrow{OA'}+\overrightarrow{OB'}}{2}=\dfrac{1}{2}\left(\dfrac{\overrightarrow{OA}}{|\overrightarrow{OA}|}+\dfrac{\overrightarrow{OB}}{|\overrightarrow{OB}|}\right)$

また，直線 OC は ∠AOB の二等分線であるか
ら $\overrightarrow{OP}=t'\overrightarrow{OC}$]

96 正三角形

$[\overrightarrow{AB}=\vec{b}$, $\overrightarrow{AC}=\vec{c}$ とすると
$-|\vec{c}|^2+\vec{b}\cdot\vec{c}=-\vec{b}\cdot\vec{c}=\vec{b}\cdot\vec{c}-|\vec{b}|^2$
ゆえに $|\vec{b}|^2=|\vec{c}|^2$
また，$2\vec{b}\cdot\vec{c}=|\vec{b}|^2$ であるから

$\cos\angle BAC=\dfrac{\vec{b}\cdot\vec{c}}{|\vec{b}||\vec{c}|}=\dfrac{1}{2}$

よって AB＝AC，∠BAC＝60°]

97 L$(-3, 6, 0)$, M$(0, 6, -5)$,
N$(-3, 0, -5)$

98 順に
(1) $(1, -1, -1)$, $(-1, 1, 1)$, $(-1, 1, -1)$
(2) $(-2, -3, -4)$, $(2, 3, 4)$, $(2, 3, -4)$

99 (1) 3 (2) $3\sqrt{5}$

100 (1) AB＝BC の二等辺三角形
(2) ∠A＝90° の直角三角形
[(2) $BC^2=AB^2+CA^2$]

101 $\left(\dfrac{15}{2}, 0, 0\right)$
[A$(x, 0, 0)$ とおける]

102 $(0, 1, 2)$
[P$(0, b, c)$ とおける]

103 $(-1, 5, -3)$, $(3, 1, 1)$
[DA＝DB＝DC＝AB]

104 (1) (ア) $(-2, 1, -3)$
(イ) $(-2, -1, 3)$
(ウ) $(-2, -1, -3)$
[(2) 各辺の長さがすべて $2\sqrt{2}$]

105 (1) $\overrightarrow{AF}=\vec{b}+\vec{e}$
(2) $\overrightarrow{DG}=\vec{b}+\vec{e}$
(3) $\overrightarrow{BH}=-\vec{b}+\vec{d}+\vec{e}$
(4) $\overrightarrow{CE}=-\vec{b}-\vec{d}+\vec{e}$

106 [(1) （左辺）＝$(\overrightarrow{BC}+\overrightarrow{CA})+(\overrightarrow{AD}+\overrightarrow{DB})$

$=\overrightarrow{BA}+\overrightarrow{AB}=\overrightarrow{BB}=\vec{0}$
(2) （左辺）－（右辺）＝$\overrightarrow{AB}-\overrightarrow{CD}-\overrightarrow{AC}+\overrightarrow{BD}$
$=(\overrightarrow{AB}+\overrightarrow{BD})-(\overrightarrow{AC}+\overrightarrow{CD})=\overrightarrow{AD}-\overrightarrow{AD}=\vec{0}$]

107 (1) $(3, -3, 6)$
(2) $(1, 1, 3)$
(3) $(2, 4, 7)$
(4) $(3, -7, 4)$

108 成分，大きさの順に
(1) $(1, -2, -1)$, $\sqrt{6}$
(2) $(1, 2, -2)$, 3
(3) $(-2, 0, 3)$, $\sqrt{13}$

109 $x=6$, $y=\dfrac{1}{2}$, $z=-\dfrac{1}{2}$

110 (1) $\vec{p}=\vec{a}+2\vec{b}-\vec{c}$ (2) $\vec{q}=-2\vec{a}+3\vec{b}$
[$s\vec{a}+t\vec{b}+u\vec{c}=(s+u,\ 2s+2t+3u,\ 3s+5t+u)$
が $\vec{p}$ に等しくなるときの s, t, u の値を求める。
$s+u=0$, $2s+2t+3u=3$, $3s+5t+u=12$
これを解くと $s=1$, $t=2$, $u=-1$
$\vec{q}$ についても同様]

111 (1) $\vec{b}-2\vec{d}$
(2) $(-14, 4, -14)$, $2\sqrt{102}$

112 [$\overrightarrow{DB}=2\overrightarrow{AC}$]

113 [$\overrightarrow{AB}=\vec{b}$, $\overrightarrow{AD}=\vec{d}$, $\overrightarrow{AE}=\vec{e}$ とすると
(1) （左辺）＝（右辺）＝$2\vec{b}$
(2) （左辺）＝（右辺）＝$-\vec{b}+\vec{d}+5\vec{e}$]

114 $\overrightarrow{AB}=\dfrac{1}{2}(\vec{c}+\vec{f}-\vec{h})$, $\overrightarrow{AD}=\dfrac{1}{2}(\vec{c}-\vec{f}+\vec{h})$,

$\overrightarrow{AG}=\dfrac{1}{2}(\vec{c}+\vec{f}+\vec{h})$

[$\overrightarrow{AB}=\vec{x}$, $\overrightarrow{AD}=\vec{y}$, $\overrightarrow{AE}=\vec{z}$ とおくと
$\vec{c}=\vec{x}+\vec{y}$, $\vec{f}=\vec{z}+\vec{x}$, $\vec{h}=\vec{y}+\vec{z}$
辺々を加えて整理すると

$\vec{x}+\vec{y}+\vec{z}=\dfrac{1}{2}(\vec{c}+\vec{f}+\vec{h})$]

115 $x=\dfrac{2}{3}$, $y=1$, $z=\dfrac{4}{3}$
[$x^2+y^2+z^2=x^2+(y-2)^2+z^2$
$=(x+1)^2+(y-1)^2+(z-2)^2$
$=x^2+(y-1)^2+(z-3)^2$]

116 $\vec{x}=(2, -3, 1)$
[$\vec{x}=(2t,\ t-4,\ -t+2)$ であるから
$|\vec{x}|^2=6(t-1)^2+14$]

117 $(7, -1, -2)$, $(-3, 3, -4)$, $(1, 7, 0)$
[平行四辺形 ABCD のとき $\overrightarrow{AB}=\overrightarrow{DC}$
平行四辺形 ADBC のとき $\overrightarrow{AD}=\overrightarrow{CB}$
平行四辺形 ABDC のとき $\overrightarrow{AB}=\overrightarrow{CD}$]

118 $(-2,\ -4,\ -4)$, $(1,\ -2,\ 3)$, $(0,\ 3,\ 1)$,
$(-1,\ -2,\ -1)$
［例えば，$\overrightarrow{AB}=\overrightarrow{CP}$ となる点Pを求める］
119 $x=-1$，$y=1$ のとき最小値 $\sqrt{6}$
$[\ x\vec{a}+y\vec{b}+\vec{c}$
$=(x+y-2,\ x-y+3,\ x+3y-1)$ であるから
$|x\vec{a}+y\vec{b}+\vec{c}|^2=3x^2+6xy+11y^2-16y+14$
$=3(x+y)^2+8(y-1)^2+6$
$|x\vec{a}+y\vec{b}+\vec{c}|\geqq0$ であるから $x=-y$，$y=1$ の
とき $|x\vec{a}+y\vec{b}+\vec{c}|$ は最小]
120 (1) 0 (2) 1 (3) 3 (4) 0 (5) 1
(6) -1
［(5) $|\overrightarrow{BG}|=\sqrt{2}$，$\overrightarrow{AD}$ と $\overrightarrow{BG}$ のなす角は $45°$]
121 内積，θ の値の順に (1) 3，$\theta=45°$
(2) 0，$\theta=90°$ (3) $-\sqrt{6}$，$\theta=120°$
122 (1) $a=-1$ (2) $b=1,\ 2$
［(2) $-b^2-2+3b=0$]
123 $(2,\ 1,\ -2)$，$(-2,\ -1,\ 2)$
［求めるベクトルを $\vec{p}=(x,\ y,\ z)$ とすると
$\vec{a}\cdot\vec{p}=0$，$\vec{b}\cdot\vec{p}=0$，$|\vec{p}|^2=x^2+y^2+z^2=9$]
124 (1) 9 (2) $45°$
125 $x=4$，$\dfrac{16}{7}$
$[\ \vec{a}\cdot\vec{b}=x\times1+(-5)\times(-1)+3\times2=x+11$
$\vec{a}\cdot\vec{b}=|\vec{a}||\vec{b}|\cos30°=\dfrac{3}{\sqrt{2}}\sqrt{x^2+34}$
よって $x+11=\dfrac{3}{\sqrt{2}}\sqrt{x^2+34}\ ]$
126 $\alpha=90°$，$\beta=120°$，$\gamma=30°$
［x 軸，y 軸，z 軸の正の向きを表すベクトル
はそれぞれ $(1,\ 0,\ 0)$，$(0,\ 1,\ 0)$，$(0,\ 0,\ 1)$]
127 順に $(\sqrt{2},\ 1,\ 1)$，$60°$ ；
$(\sqrt{2},\ 1,\ -1)$，$120°$
［**参考** $\vec{a}$ が x 軸，y 軸，z 軸の正の向きとな
す角をそれぞれ α，β，γ とすると
$\vec{a}=(|\vec{a}|\cos\alpha,\ |\vec{a}|\cos\beta,\ |\vec{a}|\cos\gamma)$，
$\cos^2\alpha+\cos^2\beta+\cos^2\gamma=1$]
128 (1) $-\dfrac{\sqrt{6}}{9}$ (2) $\dfrac{5\sqrt{2}}{2}$
129 (1) 2 (2) $\dfrac{1}{\sqrt{3}}$
$\Big[$(1) $\overrightarrow{OA}\cdot\overrightarrow{OM}=\overrightarrow{OA}\cdot\Big(\dfrac{\overrightarrow{OB}+\overrightarrow{OC}}{2}\Big)$
$=\dfrac{\overrightarrow{OA}\cdot\overrightarrow{OB}+\overrightarrow{OA}\cdot\overrightarrow{OC}}{2}$
ここで $\overrightarrow{OA}\cdot\overrightarrow{OB}=\overrightarrow{OA}\cdot\overrightarrow{OC}=2$

(2) $\cos\angle AOM=\dfrac{\overrightarrow{OA}\cdot\overrightarrow{OM}}{|\overrightarrow{OA}||\overrightarrow{OM}|}\ \Big]$
130 $|\vec{b}|=3$，$|\vec{a}+\vec{b}+\vec{c}|=8$
［$\vec{a}\cdot\vec{b}=3|\vec{b}|$，$2|\vec{a}|^2-3\vec{a}\cdot\vec{b}-5|\vec{b}|^2=0$ から
$(5|\vec{b}|+24)(|\vec{b}|-3)=0]$
131 (1) $\dfrac{2}{3}\vec{b}+\dfrac{1}{3}\vec{c}$ (2) $2\vec{b}+\vec{c}-2\vec{d}$
(3) $\dfrac{1}{2}\vec{a}+\vec{b}+\dfrac{1}{2}\vec{c}-\vec{d}$
132 (1) $\overrightarrow{AE}=\vec{b}-\vec{c}+\vec{d}$ (2) $\overrightarrow{AF}=\vec{b}+\vec{d}$
(3) $\overrightarrow{AG}=\dfrac{2}{3}\vec{b}-\dfrac{1}{3}\vec{c}+\vec{d}$
［(1) $\overrightarrow{AE}=\overrightarrow{AB}+\overrightarrow{BE}=\overrightarrow{AB}+\overrightarrow{CD}$
(2) 四角形 ABFD は正方形であるから
$\overrightarrow{AF}=\overrightarrow{AB}+\overrightarrow{AD}$
(3) $\overrightarrow{AG}=\dfrac{\overrightarrow{AD}+\overrightarrow{AE}+\overrightarrow{AF}}{3}\ ]$
133 $a=2$，$b=3$
134 $a=-6$
［$\overrightarrow{AD}=s\overrightarrow{AB}+t\overrightarrow{AC}$ とおくと
$-5=s+2t$，$-2=s+t$，$a-2=s+3t]$
135 (1) $k=\dfrac{9}{5}$，$l=\dfrac{8}{5}$ (2) $m=1$
［(1) $\overrightarrow{AC}=t\overrightarrow{AB}$ とおくと
$k-1=-2t$，$l-2=t$，$2=-5t$
(2) $\overrightarrow{OD}=r\overrightarrow{OA}+s\overrightarrow{OB}$ とおくと
$m=r-s$，$12=2r+3s$，$5=3r-2s]$
136 ［$\overrightarrow{AB}=\vec{b}$，$\overrightarrow{AD}=\vec{d}$，$\overrightarrow{AE}=\vec{e}$ とすると
$\overrightarrow{AQ}=\dfrac{2\overrightarrow{AP}+\overrightarrow{AC}}{3}=\dfrac{\vec{e}+\vec{b}+\vec{d}}{3}$，
$\overrightarrow{AG}=\vec{b}+\vec{d}+\vec{e}$
ゆえに $\overrightarrow{AG}=3\overrightarrow{AQ}$]
137 $\overrightarrow{OK}=\dfrac{1}{4}\vec{a}+\dfrac{1}{3}\vec{b}+\dfrac{5}{12}\vec{c}$
$\Big[\ \overrightarrow{OG}=\dfrac{1}{3}(\overrightarrow{OP}+\overrightarrow{OQ}+\overrightarrow{OR})=\dfrac{1}{6}\vec{a}+\dfrac{2}{9}\vec{b}+\dfrac{5}{18}\vec{c}$
$\overrightarrow{OK}=k\overrightarrow{OG}=\dfrac{k}{6}\vec{a}+\dfrac{2k}{9}\vec{b}+\dfrac{5k}{18}\vec{c}$
また，$\overrightarrow{AK}=s\overrightarrow{AB}+t\overrightarrow{AC}$ から
$\overrightarrow{OK}=(1-s-t)\vec{a}+s\vec{b}+t\vec{c}$
別解 $\dfrac{k}{6}+\dfrac{2k}{9}+\dfrac{5k}{18}=1$ から］
138 AH : HG$=7:1$
［$\overrightarrow{AB}=\vec{b}$，$\overrightarrow{AC}=\vec{c}$，$\overrightarrow{AD}=\vec{d}$ とすると
$\overrightarrow{AH}=\dfrac{\overrightarrow{AP}+\overrightarrow{AQ}+\overrightarrow{AR}}{3}$
$=\dfrac{1}{3}\Big(\dfrac{5}{8}\vec{b}+\dfrac{\vec{b}+3\vec{c}}{4}+\dfrac{\vec{c}+7\vec{d}}{8}\Big)=\dfrac{7}{8}\overrightarrow{AG}\ ]$

139 (1) $\dfrac{1}{7}\vec{c}+\dfrac{2}{7}\vec{d}$ (2) $2:1$

$\left[(1)\ \overrightarrow{\mathrm{AP}}=\dfrac{\overrightarrow{\mathrm{AB}}+\overrightarrow{\mathrm{AC}}}{2},\ \overrightarrow{\mathrm{AQ}}=\dfrac{\overrightarrow{\mathrm{AP}}+\overrightarrow{\mathrm{AD}}}{2},\right.$

$\overrightarrow{\mathrm{AR}}=\dfrac{1}{2}\overrightarrow{\mathrm{AQ}}$

ここで，$\overrightarrow{\mathrm{BS}}=k\overrightarrow{\mathrm{BR}}$，$\overrightarrow{\mathrm{AS}}=s\overrightarrow{\mathrm{AC}}+t\overrightarrow{\mathrm{AD}}$ とおける。

(2) $\overrightarrow{\mathrm{AT}}=u\overrightarrow{\mathrm{AS}}$，$\overrightarrow{\mathrm{AT}}=(1-v)\overrightarrow{\mathrm{AC}}+v\overrightarrow{\mathrm{AD}}$
とおける]

140 $[\overrightarrow{\mathrm{AB}}=\vec{b}$，$\overrightarrow{\mathrm{AC}}=\vec{c}$，$\overrightarrow{\mathrm{AD}}=\vec{d}$ とおくと

(左辺)$=2\vec{b}-3\vec{c}+3\vec{d}$

(右辺)$=5(\overrightarrow{\mathrm{AN}}-\overrightarrow{\mathrm{AM}})=5\left(\dfrac{2\vec{b}+3\vec{d}}{5}-\dfrac{3}{5}\vec{c}\right)]$

141 線分 BC を $4:3$ に内分する点を E，線分 ED を $8:7$ に内分する点を F とすると，点 P は線分 AF を $15:1$ に内分する点
$[\overrightarrow{\mathrm{AB}}=\vec{b}$，$\overrightarrow{\mathrm{AC}}=\vec{c}$，$\overrightarrow{\mathrm{AD}}=\vec{d}$，$\overrightarrow{\mathrm{AP}}=\vec{p}$ とすると

$\vec{p}=\dfrac{3\vec{b}+4\vec{c}+8\vec{d}}{16}=\dfrac{15}{16}\times\dfrac{7\times\dfrac{3\vec{b}+4\vec{c}}{4+3}+8\vec{d}}{8+7}]$

142 $[\overrightarrow{\mathrm{AB}}=\vec{b}$，$\overrightarrow{\mathrm{AC}}=\vec{c}$，$\overrightarrow{\mathrm{AD}}=\vec{d}$ とすると，
条件から $\vec{b}\cdot\vec{c}=\vec{c}\cdot\vec{d}=\vec{d}\cdot\vec{b}$
$|\overrightarrow{\mathrm{AB}}|^2+|\overrightarrow{\mathrm{CD}}|^2=|\vec{b}|^2+|\vec{d}-\vec{c}|^2$
$=|\vec{b}|^2+|\vec{c}|^2+|\vec{d}|^2-2\vec{c}\cdot\vec{d}$ など]

143 (1) $\mathrm{H}(2,\ -4,\ -2)$，$\mathrm{OH}=2\sqrt{6}$
(2) $\mathrm{H}(4,\ 1,\ 2)$，$\mathrm{PH}=3$
$[(1)$ 点Hは直線 AB 上にあり，
$\overrightarrow{\mathrm{AB}}=(3,\ 2,\ -1)$ であるから
$\overrightarrow{\mathrm{OH}}=(5,\ -2,\ -3)+t(3,\ 2,\ -1)$
また $\overrightarrow{\mathrm{OH}}\cdot\overrightarrow{\mathrm{AB}}=0$
(2) 点Hは直線 AB 上にあり，
$\overrightarrow{\mathrm{PA}}=(-3,\ -1,\ -7)$，$\overrightarrow{\mathrm{AB}}=(8,\ 6,\ 10)$ である
から $\overrightarrow{\mathrm{PH}}=(-3,\ -1,\ -7)+t(8,\ 6,\ 10)$
また $\overrightarrow{\mathrm{PH}}\cdot\overrightarrow{\mathrm{AB}}=0]$

144 $\mathrm{PH}=3$，$\mathrm{H}(1,\ 6,\ 4)$
$[\overrightarrow{\mathrm{AH}}=s\overrightarrow{\mathrm{AB}}+t\overrightarrow{\mathrm{AC}}$ とおけるから
$\overrightarrow{\mathrm{PH}}=s\overrightarrow{\mathrm{AB}}+t\overrightarrow{\mathrm{AC}}-\overrightarrow{\mathrm{AP}}$
$=(-2s-3t,\ -2s-t+2,\ 4t-5)$
$\overrightarrow{\mathrm{PH}}\cdot\overrightarrow{\mathrm{AB}}=0$，$\overrightarrow{\mathrm{PH}}\cdot\overrightarrow{\mathrm{AC}}=0$ から
$2s+2t-1=0$，$4s+13t-11=0$
これを解くと $s=-\dfrac{1}{2}$，$t=1]$

145 4
[平面 ABC に原点Oから垂線 OH を下ろす。
$\overrightarrow{\mathrm{OH}}\cdot\overrightarrow{\mathrm{AB}}=0$，$\overrightarrow{\mathrm{OH}}\cdot\overrightarrow{\mathrm{AC}}=0$ などから

$\overrightarrow{\mathrm{OH}}=\left(\dfrac{36}{49},\ \dfrac{18}{49},\ \dfrac{12}{49}\right)$

よって $\mathrm{OH}=\dfrac{6}{7}$

$\triangle\mathrm{ABC}=\dfrac{1}{2}\sqrt{(2\sqrt{5})^2(2\sqrt{13})^2-16^2}=14$

求める体積は $\dfrac{1}{3}\times\triangle\mathrm{ABC}\times\mathrm{OH}]$

146 (1) $\left(\dfrac{21}{8},\ -\dfrac{15}{8},\ \dfrac{5}{4}\right)$

(2) $\left(3,\ -\dfrac{1}{2},\ 5\right)$

(3) $\left(\dfrac{7}{2},\ -\dfrac{9}{2},\ -4\right)$

(4) $\left(3,\ -\dfrac{4}{3},\ 3\right)$

147 (1) $x=8$ (2) $z=4$ (3) $y=-2$

148 (1) $(x-1)^2+(y-2)^2+(z-3)^2=9$
(2) $x^2+y^2+z^2=27$
(3) $(x-1)^2+(y-4)^2+(z-1)^2=12$
$[(2)$ 半径は $\mathrm{OA}=|\overrightarrow{\mathrm{OA}}|$
(3) 中心は線分 AB の中点]

149 (1) 中心 $(1,\ -2,\ 0)$，半径 $\sqrt{7}$
(2) 中心 $(1,\ 0,\ 3)$，半径 $2\sqrt{3}$
(3) 中心 $(1,\ -2,\ 2)$，半径 $\sqrt{15}$
$[(1)\ (x-1)^2+(y+2)^2=7$
(2) $(x-1)^2+(z-3)^2=12$
(3) $(x-1)^2+(y+2)^2=15]$

150 (1) 中点 $\left(\dfrac{7}{2},\ -\dfrac{3}{2},\ -\dfrac{1}{2}\right)$，
内分点 $(4,\ -1,\ 0)$，外分点 $(16,\ 11,\ 12)$
(2) $(x-1)^2+(y-2)^2+(z-3)^2=21$

151 $(5,\ -10,\ 1)$
[点Qの座標を $(x,\ y,\ z)$ とする。
線分 PQ の中点が点Aと一致するから
$\dfrac{1+x}{2}=3$，$\dfrac{2+y}{2}=-4$，$\dfrac{3+z}{2}=2]$

152 (1) $(x-3)^2+(y+4)^2+(z-5)^2=25$，
$(x-3)^2+(y+4)^2+(z+5)^2=25$
(2) $(x-9)^2+y^2+z^2=69$
(3) $(x-3)^2+(y-1)^2+(z+2)^2=9$
$[(1)\ (x-3)^2+(y+4)^2+(z-k)^2=k^2$，$k=\pm5$
(2) $(x-k)^2+y^2+z^2=r^2$ に2点の座標を代入
すると $(1-k)^2+5=r^2$，$(2-k)^2+20=r^2$
これを解くと $k=9$，$r^2=69$
(3) $x^2+y^2+z^2+kx+ly+mz+n=0$ に4点の
座標を代入]

153 $a=\pm2\sqrt{5}$

[球面が zx 平面と交わってできる円の半径は $\sqrt{36-a^2}$]

154 (1) 中心 $(1, -2, -3)$, 半径 4

(2) 中心 $\left(-\dfrac{3}{2}, 0, 1\right)$, 半径 $\dfrac{\sqrt{41}}{2}$

[(1) $(x-1)^2+(y+2)^2+(z+3)^2=4^2$

(2) $\left(x+\dfrac{3}{2}\right)^2+y^2+(z-1)^2=\left(\dfrac{\sqrt{41}}{2}\right)^2$]

155 (1) $\sqrt{14}$　(2) $\left(\dfrac{5}{3}, \dfrac{5}{3}, 0\right)$

[(1) 点 B の xy 平面に関して対称な点を B′ とすると　AP+PB=AP+PB′

よって，線分 AB′ の長さが最小値。

(2) 直線 AB′ の方程式は $\overrightarrow{OP}=\overrightarrow{OA}+t\overrightarrow{AB'}$

から　$x=3-2t,\ y=1+t,\ z=2-3t$

直線 AB′ 上の点が xy 平面上にあるとき

$z=2-3t=0$]

156 (1) $x+2y+z=4$　(2) $x-y-2z=-3$

[(1) $1\cdot(x-1)+2\cdot(y-1)+1\cdot(z-1)=0$

(2) $1\cdot(x-1)-1\cdot(y-2)-2\cdot(z-1)=0$]

157 (1) $4x+y-z=6$　(2) $2x+y=3$

[求める平面の法線ベクトルの1つを $\vec{n}=(a, b, c)$ とする。

(1) $\vec{n}\cdot\overrightarrow{AB}=0,\ \vec{n}\cdot\overrightarrow{AC}=0$ から

$\vec{n}=(4, 1, -1)$

(2) $\vec{n}\cdot\vec{p}=0,\ \vec{n}\cdot\overrightarrow{AB}=0$ から　$\vec{n}=(2, 1, 0)$]

158 2

$\left[\dfrac{|-2+2\times3-2\times(-1)-12|}{\sqrt{1^2+2^2+(-2)^2}}=\dfrac{|-6|}{3}=2\right]$

159 (1) $x=1+2t,\ y=1+3t,\ z=-1+t$;

$\dfrac{x-1}{2}=\dfrac{y-1}{3}=z+1$

(2) $x=-2+3t,\ y=1+2t,\ z=-1+3t$;

$\dfrac{x+2}{3}=\dfrac{y-1}{2}=\dfrac{z+1}{3}$

160 (1) $\left(\dfrac{5}{2}, 4, 0\right)$

(2) $(0, -1, 5)$

(3) $\left(\dfrac{1}{2}, 0, 4\right)$

161 (1) $(-1, 6, 14)$

(2) $(2, 3, 2),\ (1, 4, 6)$

[直線上の点を媒介変数 t を用いて表す。

t で表された x, y, z を平面や球面の方程式に代入し，t の値を定める]

162 $y=x+3,\ z=\dfrac{2x-3}{4}$;

$P\left(-\dfrac{1}{2}, \dfrac{5}{2}, -1\right)$ のとき最小値 $\dfrac{3\sqrt{2}}{2}$

[(前半)　$(x-1)^2+(y-1)^2+(z+1)^2$

$=x^2+(y-3)^2+(z+3)^2$

$=(x+1)^2+(y-2)^2+(z-1)^2$ から

$2x-4y+4z+15=0,\ x+y-4z-6=0$

(後半)　$AP^2=(x-1)^2+(x+2)^2+\left(\dfrac{2x+1}{4}\right)^2$

$=\dfrac{9}{4}\left(x+\dfrac{1}{2}\right)^2+\dfrac{9}{2}$]

163 $\left(\dfrac{2+\sqrt{2}}{4}, -\dfrac{1}{2}, \dfrac{2-\sqrt{2}}{4}\right)$

[求めるベクトルを $\vec{e}=(x, y, z)$ とおく。

$\vec{a}\cdot\vec{e}=|\vec{a}||\vec{e}|\cos45°,\ \vec{b}\cdot\vec{e}=|\vec{b}||\vec{e}|\cos60°,$

$|\vec{e}|=1$ から x, y, z の値を求める。

また，$\vec{c}$ と $\vec{e}$ のなす角を θ とおくと

$0<\cos\theta<1$ であるから

$0<\vec{c}\cdot\vec{e}<|\vec{c}||\vec{e}|$ が成り立つ必要がある]

164 $\left(\dfrac{\sqrt{3}}{3}, -\dfrac{\sqrt{3}}{15}, \dfrac{7\sqrt{3}}{15}\right)$

[ヒントから求めるベクトルは

$\vec{e}=t\left(\dfrac{\overrightarrow{OA}}{|\overrightarrow{OA}|}+\dfrac{\overrightarrow{OB}}{|\overrightarrow{OB}|}\right)=\left(\dfrac{10t}{9}, -\dfrac{2t}{9}, \dfrac{14t}{9}\right)$

これが $|\vec{e}|=1$ を満たすとき　$t=\dfrac{3\sqrt{3}}{10}$]

165 $\cos\theta=\dfrac{2\sqrt{13}}{13}$

[$\overrightarrow{OA}=\vec{a},\ \overrightarrow{OB}=\vec{b},\ \overrightarrow{OC}=\vec{c}$ とすると

$|\vec{a}|=|\vec{b}|=|\vec{c}|,\ \vec{a}\cdot\vec{b}=\dfrac{1}{2}|\vec{a}|^2,$

$\vec{b}\cdot\vec{c}=\dfrac{1}{2}|\vec{a}|^2,\ \vec{c}\cdot\vec{a}=\dfrac{1}{2}|\vec{a}|^2$

また，$\overrightarrow{OM}=\dfrac{1}{2}(\vec{b}+\vec{c}),\ \overrightarrow{ON}=\dfrac{2\vec{a}+\vec{c}}{3}$ から

$\overrightarrow{MN}=\overrightarrow{ON}-\overrightarrow{OM}=\dfrac{2}{3}\vec{a}-\dfrac{1}{2}\vec{b}-\dfrac{1}{6}\vec{c}$

よって　$\overrightarrow{OA}\cdot\overrightarrow{MN}=\dfrac{1}{3}|\vec{a}|^2,\ |\overrightarrow{MN}|^2=\dfrac{13}{36}|\vec{a}|^2$

$\overrightarrow{OA}$ と $\overrightarrow{MN}$ のなす角を α とすると

$\cos\alpha=\dfrac{\overrightarrow{OA}\cdot\overrightarrow{MN}}{|\overrightarrow{OA}||\overrightarrow{MN}|}=\dfrac{\dfrac{1}{3}|\vec{a}|^2}{|\vec{a}|\cdot\dfrac{\sqrt{13}}{6}|\vec{a}|}$

$=\dfrac{2\sqrt{13}}{13}$　$\cos\alpha>0$ から　$0°<\alpha<90°$

よって，$\theta=\alpha$ から　$\cos\theta=\dfrac{2\sqrt{13}}{13}$]

166 $\alpha=30°$

[$\vec{d_1}=(3,\ 5,\ 4)$, $\vec{d_2}=(1,\ -10,\ -7)$ とすると,
$\vec{d_1}$, $\vec{d_2}$ はそれぞれ直線 ℓ, m に平行。
$\vec{d_1}$ と $\vec{d_2}$ のなす角を考える]

167 (1) 交わる,$(19,\ -14,\ 44)$
(2) 交わらない
[直線上の点を媒介変数 s, t を用いて表す。
x, y, z が同時に等しくなる s, t が
(1) 存在する (2) 存在しない]

168 $\dfrac{2\sqrt{3}}{3}$

[$\overrightarrow{PQ}=(t-s-1,\ -1-s,\ -t+2)$ から
$|\overrightarrow{PQ}|^2=2\left(s+\dfrac{2-t}{2}\right)^2+\dfrac{3}{2}\left(t-\dfrac{4}{3}\right)^2+\dfrac{4}{3}$
別解 $\overrightarrow{PQ}\cdot(1,\ 1,\ 0)=0$, $\overrightarrow{PQ}\cdot(1,\ 0,\ -1)=0$]

169 $1\leqq r<3$
[球面の中心 $(1,\ 2,\ 3)$ と yz 平面, xy 平面との距離は,それぞれ 1, 3]

170 〔図〕

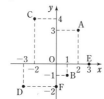

171 $x=-9$, $y=\dfrac{2}{3}$
[$x-3i=k(3+i)$, $2+yi=l(3+i)$]

172 〔図〕

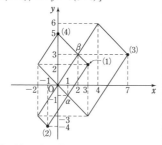

173 順に $3+2i$, $-3+2i$, $-3-2i$
174 (1) 5 (2) $\sqrt{5}$ (3) 5 (4) $\sqrt{2}$
175 (1) $\sqrt{26}$ (2) $2\sqrt{5}$
176 〔図〕,$\sqrt{13}$

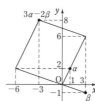

177 $\dfrac{32}{5}$

[$z+\dfrac{1}{z}=2+i+\dfrac{1}{2+i}=\dfrac{12}{5}+\dfrac{4}{5}i$]

178 (1) $1+2i$ (2) $\dfrac{1}{3}-2i$
[(1) $2\bar{z}+z=\overline{2z+\bar{z}}$
(2) 条件式と(1)の連立方程式]

179 (1) $\dfrac{3}{2}$ (2) 2
[(1) $|z+2|^2=16$ から $(z+2)(\bar{z}+2)=16$
(2) $|z+1|^2=4|z-2|^2$ から
$(z+1)(\bar{z}+1)=4(z-2)(\bar{z}-2)$
$z\bar{z}-3(z+\bar{z})+5=0$ から $(z-3)(\bar{z}-3)=4$]

180 [(1) $\bar{z}=\overline{\alpha\bar{\beta}-\bar{\alpha}\beta}=\bar{\alpha}\beta-\alpha\bar{\beta}=-z$
$\alpha\bar{\beta}$ が実数ではないから $\alpha\bar{\beta}\neq\bar{\alpha}\beta\ (=\overline{\alpha\bar{\beta}})$
よって $z\neq0$
(2) $|\alpha|^2=1$ から $\alpha\bar{\alpha}=1$ ゆえに $\bar{\alpha}=\dfrac{1}{\alpha}$
よって,$z=\alpha+\dfrac{1}{\alpha}=\alpha+\bar{\alpha}$ から
$\bar{z}=\overline{\alpha+\bar{\alpha}}=\bar{\alpha}+\alpha=z$]

181 [$\alpha\bar{\beta}$ が実数のとき $\alpha\bar{\beta}=\bar{\alpha}\beta$
よって,$\dfrac{\bar{\beta}}{\bar{\alpha}}=\dfrac{\beta}{\alpha}$ から $\dfrac{\beta}{\alpha}$ は実数 $(=k)$
逆に $\beta=k\alpha$ のとき $\dfrac{\beta}{\alpha}=k$ (実数) であるから
$\overline{\left(\dfrac{\beta}{\alpha}\right)}=\dfrac{\beta}{\alpha}$ よって $(\overline{\alpha\bar{\beta}}=)\alpha\bar{\beta}=\overline{\alpha}\beta$]

182 [(1) $(\alpha+\beta)(\bar{\alpha}+\bar{\beta})+(\alpha-\beta)(\bar{\alpha}-\bar{\beta})$
$=2(\alpha\bar{\alpha}+\beta\bar{\beta})$
(2) $|\alpha-\beta|^2-|1-\alpha\bar{\beta}|^2$
$=(\alpha-\beta)(\bar{\alpha}-\bar{\beta})-(1-\alpha\bar{\beta})(1-\bar{\alpha}\beta)$
$=\alpha\bar{\alpha}+\beta\bar{\beta}-1-\alpha\bar{\alpha}\beta\bar{\beta}$, $\alpha\bar{\alpha}=1$
(3) $|\alpha+\beta|^2=1$ から $(\alpha+\beta)(\bar{\alpha}+\bar{\beta})=1$
$\bar{\alpha}=\dfrac{1}{\alpha}$, $\bar{\beta}=\dfrac{1}{\beta}$ を代入して整理]

183 1
[$\alpha+\beta+3=0$ から $\alpha+\beta=-3$ …… ①
ゆえに $\overline{\alpha+\beta}=\bar{\alpha}+\bar{\beta}=-3$
$\alpha\bar{\alpha}=4$, $\beta\bar{\beta}=4$ から $\bar{\alpha}=\dfrac{4}{\alpha}$, $\bar{\beta}=\dfrac{4}{\beta}$
よって $\dfrac{4}{\alpha}+\dfrac{4}{\beta}=-3$
これと ① から $\alpha\beta=4$ …… ②
$\alpha^2+\beta^2=(\alpha+\beta)^2-2\alpha\beta$ に ①,② を代入]

184 (1) $2\sqrt{3}\left(\cos\dfrac{\pi}{6}+i\sin\dfrac{\pi}{6}\right)$

(2) $2\sqrt{2}\left(\cos\dfrac{7}{4}\pi+i\sin\dfrac{7}{4}\pi\right)$

(3) $3\left(\cos\dfrac{\pi}{2}+i\sin\dfrac{\pi}{2}\right)$

(4) $4(\cos\pi+i\sin\pi)$

185 (1) $\alpha\beta=4\sqrt{2}\left(\cos\dfrac{7}{12}\pi+i\sin\dfrac{7}{12}\pi\right)$,

$\dfrac{\alpha}{\beta}=2\sqrt{2}\left(\cos\dfrac{\pi}{12}+i\sin\dfrac{\pi}{12}\right)$

(2) $\alpha\beta=4\left(\cos\dfrac{11}{6}\pi+i\sin\dfrac{11}{6}\pi\right)$,

$\dfrac{\alpha}{\beta}=\cos\dfrac{\pi}{2}+i\sin\dfrac{\pi}{2}$

186 (1) 81 (2) 75 (3) $\dfrac{1}{15}$ (4) $\dfrac{25}{27}$

187 (1) $\dfrac{\sqrt{6}-\sqrt{2}}{2}+\dfrac{\sqrt{6}+\sqrt{2}}{2}i$

(2) $(1+i)z$：原点を中心として $\dfrac{\pi}{4}$ だけ回転し，原点からの距離を $\sqrt{2}$ 倍した点；
$-i\bar{z}$：実軸に関して対称移動し，原点を中心として $-\dfrac{\pi}{2}$ だけ回転した点

$\left[(1)\ \left(\cos\dfrac{\pi}{4}+i\sin\dfrac{\pi}{4}\right)(\sqrt{3}+i)\right]$

188 $\alpha\beta=2\sqrt{2}\left(\cos\dfrac{\pi}{12}+i\sin\dfrac{\pi}{12}\right)$,

$\dfrac{\alpha}{\beta}=\sqrt{2}\left\{\cos\left(-\dfrac{5}{12}\pi\right)+i\sin\left(-\dfrac{5}{12}\pi\right)\right\}$；

点 $\alpha\beta$ は，点 β を原点を中心として $-\dfrac{\pi}{6}$ だけ回転し，原点からの距離を2倍した点

$\left[\alpha=2\left\{\cos\left(-\dfrac{\pi}{6}\right)+i\sin\left(-\dfrac{\pi}{6}\right)\right\},\right.$

$\left.\beta=\sqrt{2}\left(\cos\dfrac{\pi}{4}+i\sin\dfrac{\pi}{4}\right)\right]$

189 (1) $\cos\dfrac{5}{4}\pi+i\sin\dfrac{5}{4}\pi$

(2) $\sqrt{3}\left(\cos\dfrac{\pi}{2}+i\sin\dfrac{\pi}{2}\right)$

(3) $3\left(\cos\dfrac{\pi}{3}+i\sin\dfrac{\pi}{3}\right)$

$\left[(2)\ 3+\sqrt{3}\,i=2\sqrt{3}\left(\cos\dfrac{\pi}{6}+i\sin\dfrac{\pi}{6}\right),\right.$

$1-\sqrt{3}\,i=2\left(\cos\dfrac{5}{3}\pi+i\sin\dfrac{5}{3}\pi\right)$,

$\left.(3)\ \sin\dfrac{\pi}{6}=\sin\left(\dfrac{\pi}{2}-\dfrac{\pi}{3}\right)=\cos\dfrac{\pi}{3}\right]$

190 $\cos\dfrac{5}{12}\pi=\dfrac{\sqrt{6}-\sqrt{2}}{4}$,

$\sin\dfrac{5}{12}\pi=\dfrac{\sqrt{6}+\sqrt{2}}{4}$

$\left[(1+i)(\sqrt{3}+i)\right.$

$\left.=2\sqrt{2}\left(\cos\dfrac{5}{12}\pi+i\sin\dfrac{5}{12}\pi\right)\right]$

191 (1) $\dfrac{2+\sqrt{3}}{2}+\dfrac{2\sqrt{3}-1}{2}i$

または $\dfrac{2-\sqrt{3}}{2}-\dfrac{2\sqrt{3}+1}{2}i$

(2) $\dfrac{3}{2}+\dfrac{1}{2}i$ または $\dfrac{1}{2}-\dfrac{3}{2}i$

192 i

$\left[z=z\left(\cos\dfrac{\pi}{2}+i\sin\dfrac{\pi}{2}\right)+1+i\right]$

193 $-5+\sqrt{3}\,i$

$\left[1+\sqrt{3}\,i=2\left(\cos\dfrac{\pi}{3}+i\sin\dfrac{\pi}{3}\right)\right.$ から直線 OA と

x 軸のなす角は $\dfrac{\pi}{3}$ 求める複素数は

$\left.\overline{z\left\{\cos\left(-\dfrac{\pi}{3}\right)+i\sin\left(-\dfrac{\pi}{3}\right)\right\}}\left(\cos\dfrac{\pi}{3}+i\sin\dfrac{\pi}{3}\right)\right]$

194 (1) $-\dfrac{1}{2}+\dfrac{\sqrt{3}}{2}i$ (2) 1

(3) $-\dfrac{1}{\sqrt{2}}+\dfrac{1}{\sqrt{2}}i$ (4) $8-8\sqrt{3}\,i$

195 (1) $8-8i$ (2) $\dfrac{1}{32}i$

(3) $-\dfrac{81}{2}+\dfrac{81\sqrt{3}}{2}i$ (4) $-\dfrac{1}{64}$

196 [(1) ド・モアブルの定理から

$(\cos\theta+i\sin\theta)^2=\cos2\theta+i\sin2\theta$

また $(\cos\theta+i\sin\theta)^2$

$=\cos^2\theta-\sin^2\theta+(2\sin\theta\cos\theta)i$

(2) (1)と同様]

197 $z=1,\ i,\ -1,\ -i$

[$z=r(\cos\theta+i\sin\theta)\ (r>0)$ とおくと

$r^4(\cos4\theta+i\sin4\theta)=\cos0+i\sin0$

よって $r^4=1,\ 4\theta=0+2\pi k$（ k は整数）]

198 (1) $z=\dfrac{\sqrt{3}}{2}+\dfrac{1}{2}i,\ i,\ -\dfrac{\sqrt{3}}{2}+\dfrac{1}{2}i,$

$-\dfrac{\sqrt{3}}{2}-\dfrac{1}{2}i,\ -i,\ \dfrac{\sqrt{3}}{2}-\dfrac{1}{2}i$

(2) $z=\sqrt{3}+i,\ -\sqrt{3}+i,\ -2i$

(3) $z=-\dfrac{\sqrt{2}}{2}+\dfrac{\sqrt{6}}{2}i,\ \dfrac{\sqrt{2}}{2}-\dfrac{\sqrt{6}}{2}i$

(4) $z=\sqrt{2}\left(\cos\dfrac{\pi}{4}+i\sin\dfrac{\pi}{4}\right)$,

$\sqrt{2}\left(\cos\dfrac{11}{12}\pi+i\sin\dfrac{11}{12}\pi\right)$,

$$\sqrt{2}\left(\cos\frac{19}{12}\pi+i\sin\frac{19}{12}\pi\right)$$

$\left[(1)\ r^6(\cos6\theta+i\sin6\theta)=\cos\pi+i\sin\pi\right]$

199 (1) 1

(2) $z=1+\sqrt{3}\,i,\ -\sqrt{3}+i,\ -1-\sqrt{3}\,i,\ \sqrt{3}-i$

$\left[(2)\ r^4(\cos4\theta+i\sin4\theta)\right.$

$\left.=16\left(\cos\frac{4}{3}\pi+i\sin\frac{4}{3}\pi\right)\right]$

200 (1) $\dfrac{1}{8}i$ (2) $-\dfrac{1}{32}+\dfrac{\sqrt{3}}{32}i$

(3) $-\dfrac{1}{2}-\dfrac{\sqrt{3}}{2}i$ (4) 16

$\left[(4)\ \dfrac{5-i}{2-3i}=1+i\right]$

201 n が3の倍数のとき2,

n が3の倍数でないとき -1

$\left[(与式)=2\cos\dfrac{2n\pi}{3}\right.$

$n=3m,\ 3m-1,\ 3m-2$ で場合分け$\big]$

202 (1) $n=12$ (2) $n=6$

$\left[(2)\ 2^n\left(\cos\dfrac{n\pi}{6}+i\sin\dfrac{n\pi}{6}\right)\ \text{が実数となる}\right]$

203 $z=\cos\theta\pm i\sin\theta$

[(前半) 条件式の両辺に z を掛けて,z について

の2次方程式を解く

(後半) $z=\cos\theta+i\sin\theta$ のとき

$z^n+\dfrac{1}{z^n}=(\cos n\theta+i\sin n\theta)+\{\cos(-n\theta)$

$+i\sin(-n\theta)\}=2\cos n\theta$

$z=\cos\theta-i\sin\theta$ のとき

$z=\cos(-\theta)+i\sin(-\theta)$ 以下同様$]$

204 [1の n 乗根 z_k について

$z_k=\cos\dfrac{2k\pi}{n}+i\sin\dfrac{2k\pi}{n}=\omega^k$

$(k=0,\ 1,\ 2,\ \cdots\cdots,\ n-1)]$

205 (1) 0 (2) -1

$[(1)\ \omega^{20}=1$ により $\omega^{20}-1=0$ であるから

$(\omega-1)(\omega^{19}+\omega^{18}+\cdots\cdots+\omega+1)=0,\ \omega\neq1$

$(2)\ \omega^{19}\omega^{18}\cdots\cdots\omega\cdot1=\omega^{190}=\omega^{20\cdot9+10}=\omega^{10}]$

206 $z=\dfrac{\sqrt{3}}{2}+\dfrac{1}{2}i,\ -\dfrac{1}{2}+\dfrac{\sqrt{3}}{2}i,$

$-\dfrac{\sqrt{3}}{2}-\dfrac{1}{2}i,\ \dfrac{1}{2}-\dfrac{\sqrt{3}}{2}i,\ \dfrac{1}{2}+\dfrac{\sqrt{3}}{2}i,$

$-\dfrac{\sqrt{3}}{2}+\dfrac{1}{2}i,\ -\dfrac{1}{2}-\dfrac{\sqrt{3}}{2}i,\ \dfrac{\sqrt{3}}{2}-\dfrac{1}{2}i$

$\left[(z^4)^2+z^4+1=0\ \text{から}\ z^4=\dfrac{-1\pm\sqrt{3}\,i}{2}\right]$

207 (1) 順に $1+5i,\ 2+4i$ (2) $\dfrac{3}{2}+\dfrac{9}{2}i$

(3) 順に $-11+17i,\ 14-8i$

208 (1) $3+i$ (2) $1-\dfrac{4}{3}i$

209 (1) 点 -2 を中心とする半径3の円

(2) 点 $-2+3i$ を中心とする半径1の円

(3) 点 $-i$ を中心とする半径2の円

(4) 2点 $3,\ i$ を結ぶ線分の垂直二等分線

(5) 2点 $0,\ -4$ を結ぶ線分の垂直二等分線

(6) 2点 $3-i,\ -1$ を結ぶ線分の垂直二等分線

(7) 点3を中心とする半径2の円

(8) 点 i を中心とする半径3の円

(9) 点 $-\dfrac{4}{5}+\dfrac{9}{5}i$ を中心とする半径 $\dfrac{6\sqrt{2}}{5}$ の円

$\left[(3)\ |\overline{z}-i|=2\right.$

$\left.(9)\ \left(z+\dfrac{4-9i}{5}\right)\left(\overline{z}+\dfrac{4-9i}{5}\right)=\dfrac{72}{25}\right]$

210 (1) 点 i を中心とする半径1の円

(2) 点2を中心とする半径 $\dfrac{1}{2}$ の円

(3) 点 $\dfrac{3}{2}i$ を中心とする半径 $\dfrac{1}{2}$ の円

$\left[(2)\ z=\dfrac{2w-4}{i}\quad(3)\ w=\dfrac{z+3i}{2}\right]$

211 (1) $\dfrac{1}{3}+2i$

(2) (ア) 2点 $-2i,\ 3$ を結ぶ線分の垂直二等分線

(イ) 点 $4+\dfrac{4}{3}i$ を中心とする半径 $\dfrac{10}{3}$ の円

212 $2,\ 4i,\ 4+2i$

[三角形の3つの頂点を表す複素数を $z_1,\ z_2,$

z_3 とすると

$\dfrac{z_1+z_2}{2}=\alpha,\ \dfrac{z_2+z_3}{2}=\beta,\ \dfrac{z_3+z_1}{2}=\gamma\bigg]$

213 (1) 点2を通り実軸に垂直な直線

(2) 点 $3i$ を通り虚軸に垂直な直線

(3) 実軸

(4) 点 i を中心とする半径2の円

214 (1) 点2を中心とする半径2の円

(2) 2点 $1,\ i$ を結ぶ線分の垂直二等分線

(3) 2点 $0,\ i$ を結ぶ線分の垂直二等分線

[(3) 点 z が満たす方程式は

$|z+i|=1\ (z\neq0)]$

215 点 $\dfrac{1}{4}$ を中心とする半径 $\dfrac{1}{4}$ の円

ただし,原点を除く

[点 z は2点 $0,\ 4$ を結ぶ線分の垂直二等分線上

にあるから　$|z|=|z-4|$

$w=\dfrac{1}{z}$ から，$w \neq 0$ で　$z=\dfrac{1}{w}$]

216 (1) $1+2\sqrt{3}\,i$　(2) $2-2\sqrt{3}+(4-\sqrt{3}\,)i$

217 順に (1) $\dfrac{\pi}{2}$, 12　(2) $\dfrac{\pi}{3}$, $7\sqrt{3}$

$\left[(1)\ \dfrac{7+8i-(1+2i)}{3-(1+2i)}=3\left(\cos\dfrac{\pi}{2}+i\sin\dfrac{\pi}{2}\right)\right]$

218 $\left[\dfrac{\gamma-\alpha}{\beta-\alpha}=\dfrac{3}{2}\right]$

219 $\left[\dfrac{\gamma-\alpha}{\beta-\alpha}=i\quad\text{よって}\quad\angle\mathrm{BAC}=\dfrac{\pi}{2}\right]$

220 (1) $\dfrac{5-2\sqrt{3}}{2}+\dfrac{6+\sqrt{3}}{2}i$

(2) (ア) $x=2$　(イ) $x=8$

$\left[(2)\ \dfrac{\gamma-\alpha}{\beta-\alpha}=\dfrac{8-x+(2-x)i}{4}\right]$

221 $a=-4,\ 1$

[r_1, r_2 を実数として

$\beta=r_1\left(\cos\dfrac{\pi}{4}+i\sin\dfrac{\pi}{4}\right)\alpha$ または

$\beta=r_2\left\{\cos\left(-\dfrac{\pi}{4}\right)+i\sin\left(-\dfrac{\pi}{4}\right)\right\}\alpha$]

222 (1) $2(1-\sqrt{3})+\sqrt{3}\,i$, $2(1+\sqrt{3})-\sqrt{3}\,i$

(2) -3, $-1+4i$ または $5-4i$, 7

[(1) 他の頂点を $\mathrm{C}(\gamma)$ とすると

$\dfrac{\gamma-\alpha}{\beta-\alpha}=\cos\left(\pm\dfrac{\pi}{3}\right)+i\sin\left(\pm\dfrac{\pi}{3}\right)$

(2) AB を 1 辺とする正方形を ABDC とし，

$\mathrm{C}(\gamma)$, $\mathrm{D}(\delta)$ とすると

$\dfrac{\gamma-\alpha}{\beta-\alpha}=\cos\left(\pm\dfrac{\pi}{2}\right)+i\sin\left(\pm\dfrac{\pi}{2}\right)$, $\delta=\gamma+(\beta-\alpha)$]

223 (1) $\angle\mathrm{A}=\dfrac{\pi}{2}$, $\angle\mathrm{B}=\dfrac{\pi}{3}$, $\angle\mathrm{C}=\dfrac{\pi}{6}$ の直角

三角形

(2) $\angle\mathrm{C}=\dfrac{\pi}{2}$, $\mathrm{CA}=\mathrm{CB}$ の直角二等辺三角形

(3) 正三角形

224 (1) 辺 AB を斜辺とする直角二等辺三角形

(2) 辺 OA を斜辺とする直角二等辺三角形

[(1) $(\alpha+i\beta)(\alpha-i\beta)=0$ から　$\alpha=\pm i\beta$

(2) 両辺を β^2 で割ると

$\left(\dfrac{\alpha}{\beta}\right)^2-2\cdot\left(\dfrac{\alpha}{\beta}\right)+2=0$　　よって　$\dfrac{\alpha}{\beta}=1\pm i$]

225 [$\mathrm{C}(\gamma)$ を $\mathrm{A}(\alpha)$ に移す平行移動によって，

$\mathrm{D}(\delta)$ が $\mathrm{D}'(\delta')$ に移るとすると

$\delta'=\delta+(\alpha-\gamma)$　　よって　$\dfrac{\delta'-\alpha}{\beta-\alpha}=\dfrac{\delta-\gamma}{\beta-\alpha}$]

226 $\left[\alpha\bar{\beta}+\bar{\alpha}\beta=0\text{ から }\quad\dfrac{\bar{\beta}}{\bar{\alpha}}=-\dfrac{\beta}{\alpha}\right]$

227 $\left[\alpha+\gamma=\beta+\delta\text{ から }\quad\dfrac{\alpha+\gamma}{2}=\dfrac{\beta+\delta}{2}\right]$

2 つの対角線は中点で交わるから平行四辺形。

$\delta-\alpha=i(\beta-\alpha)$ から　$\dfrac{\delta-\alpha}{\beta-\alpha}=i$

よって　$\mathrm{AD}\perp\mathrm{AB}$

また $\left|\dfrac{\delta-\alpha}{\beta-\alpha}\right|=1$ から　$\mathrm{AD}=\mathrm{AB}$]

228 $\left[\mathrm{AH}\perp\mathrm{BC}\iff\dfrac{\gamma-\beta}{z-\alpha}\text{ が純虚数}\iff\right.$

$\dfrac{\gamma-\beta}{z-\alpha}+\overline{\left(\dfrac{\gamma-\beta}{z-\alpha}\right)}=0$ かつ $\dfrac{\gamma-\beta}{z-\alpha}\neq 0$

そこで，右端を示す。$z=\alpha+\beta+\gamma$ から

$z-\alpha=\beta+\gamma$ また $|\alpha|=|\beta|=|\gamma|=1$ から

$\bar{\beta}=\dfrac{1}{\beta}$, $\bar{\gamma}=\dfrac{1}{\gamma}$ を利用]

229 [$\triangle\mathrm{ODE}$ と $\triangle\mathrm{ABC}$ において

$\mathrm{OD}:\mathrm{AB}=1:|\beta-\alpha|$

$\mathrm{OE}:\mathrm{AC}=\dfrac{|\gamma-\alpha|}{|\beta-\alpha|}:|\gamma-\alpha|=1:|\beta-\alpha|$

また $\angle\mathrm{DOE}=\angle\mathrm{BAC}$]

230 [異なる 3 点 α, β, γ が一直線上 $\implies$

$\dfrac{\gamma-\alpha}{\beta-\alpha}$ が実数 $\implies$ $\dfrac{\gamma-\alpha}{\beta-\alpha}=\overline{\left(\dfrac{\gamma-\alpha}{\beta-\alpha}\right)}$]

231 $\left[\dfrac{z_3-z_1}{z_2-z_1}=\dfrac{7+6i}{5}, \dfrac{z_3-z_4}{z_2-z_4}=\dfrac{1}{2}\cdot\dfrac{7+6i}{5}\right.$

よって　$\dfrac{z_3-z_1}{z_2-z_1}\div\dfrac{z_3-z_4}{z_2-z_4}=2$ (実数)]

232 [$z\neq\alpha$ のとき　$\dfrac{z-\alpha}{0-\alpha}$ が純虚数であるから

$\dfrac{z-\alpha}{-\alpha}+\dfrac{\bar{z}-\bar{\alpha}}{-\bar{\alpha}}=0$

$z=\alpha$ のとき　$\dfrac{z}{\alpha}+\overline{\left(\dfrac{z}{\alpha}\right)}=1+1$]

233 $-\dfrac{1}{2}-\dfrac{\sqrt{3}}{2}i$

$\left[\dfrac{2+\sqrt{3}-i}{2+\sqrt{3}+i}=\dfrac{\sqrt{3}}{2}-\dfrac{1}{2}i\right]$

234 (1) 最大値 $\sqrt{13}+1$, 最小値 $\sqrt{13}-1$

(2) 最大値 5, 最小値 1

[(1) 点 $\mathrm{A}(3-2i)$ と単位円の円周上の点までの

距離

(2) $|z|=1$ から

$|z^2+3z+1|=\left|z+3+\dfrac{1}{z}\right|=|2\cos\theta+3|$]

235 $\angle A=\dfrac{\pi}{3}$, $\angle B=\dfrac{\pi}{2}$, $\angle C=\dfrac{\pi}{6}$ の直角三角形

$\left[\,3(\alpha-\beta)^2+(\beta-\gamma)^2=0\ \text{から}\quad \dfrac{\gamma-\beta}{\alpha-\beta}=\pm\sqrt{3}\,i\,\right]$

236 -1

$[\,z_1=\cos\theta+i\sin\theta\ \text{とすると}\ z_2,\ z_3\ \text{は}$

$\cos\left(\theta+\dfrac{2}{3}\pi\right)+i\sin\left(\theta+\dfrac{2}{3}\pi\right)$ および

$\cos\left(\theta-\dfrac{2}{3}\pi\right)+i\sin\left(\theta-\dfrac{2}{3}\pi\right)$

加法定理から $z_2+z_3=-\cos\theta-i\sin\theta=-z_1$
よって $z_1+z_2+z_3=0\,]$

237 原点を中心とする半径 1 の円または原点を除く実軸

$\left[\,z+\dfrac{1}{z}=\overline{z}+\dfrac{1}{\overline{z}}\ \text{から}\quad (z-\overline{z})\left(1-\dfrac{1}{z\overline{z}}\right)=0\,\right]$

238 $\beta=\alpha\left(1+\dfrac{\gamma}{|\alpha|}\right)$

$[\,\text{点 D を表す複素数を}\ \delta\ \text{とすると}\quad \beta=\alpha+\delta$
$\arg\alpha=\theta\ \text{とおくと}\ \delta=(\cos\theta+i\sin\theta)\gamma\,]$

239 $z=-\dfrac{1}{2}+\dfrac{\sqrt{3}}{2}i$, $-\dfrac{1}{2}-\dfrac{\sqrt{3}}{2}i$

$[\,\triangle ABC\ \text{は正三角形であるから}\ AB=BC\ \text{かつ}$

$\angle ABC=\dfrac{\pi}{3}$

よって，点 A を，点 B を中心として $\pm\dfrac{\pi}{3}$ だけ回転した点が点 C と一致すればよいから

$\dfrac{1}{z}-1=\left\{\cos\left(\pm\dfrac{\pi}{3}\right)+i\sin\left(\pm\dfrac{\pi}{3}\right)\right\}(z-1)\,]$

240 $p=-\dfrac{1}{2}$

$[\,\text{方程式をそれぞれ解くと}$

$\alpha,\ \beta=1\pm i\,;\,\gamma,\ \delta=-p\pm\sqrt{p^2+1}$

よって，点 $A(\alpha)$ と点 $B(\beta)$ は実軸に関して互いに対称な点であり，点 $C(\gamma)$ と点 $D(\delta)$ はともに実軸上にある。ゆえに，直線 CD は線分 AB の垂直二等分線である。

したがって，線分 CD はこの円の直径であり

中心 $\dfrac{\gamma+\delta}{2}=-p$, 半径 $\dfrac{|\gamma-\delta|}{2}=\sqrt{p^2+1}\,]$

241 焦点, 準線の順に

(1) $(4,\ 0)$, $x=-4$, [図]

(2) $\left(-\dfrac{3}{2},\ 0\right)$, $x=\dfrac{3}{2}$, [図]

(3) $(0,\ -3)$, $y=3$, [図]

(4) $\left(0,\ \dfrac{1}{12}\right)$, $y=-\dfrac{1}{12}$, [図]

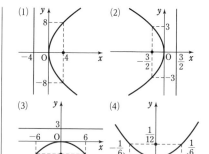

242 (1) $y^2=24x$ (2) $x^2=12y$

(3) $y^2=3x$ (4) $x^2=-3y$

$[\,(3)\ y^2=4px\ \text{とおけ，点}\ (1,\ \sqrt{3})\ \text{を通る}$
(4) 頂点が原点で，焦点が y 軸上にあるから軸は y 軸。よって $x^2=4py$ とおける$]$

243 (1) $\left(\dfrac{1}{2},\ 0\right)$ (2) $x=-\dfrac{1}{2}$ (3) $x=\dfrac{3}{2}$

$\left[\,(3)\ \text{A の}\ x\ \text{座標を}\ x\ \text{とすると}\quad x-\left(-\dfrac{1}{2}\right)=2\,\right]$

244 (1) $y^2=20x$

(2) 順に $\left(0,\ -\dfrac{1}{2}\right)$, $y=\dfrac{1}{2}$

245 (1) 放物線 $y^2=12x$

(2) 放物線 $y=\dfrac{1}{8}x^2-x+4$

$[\,(1)\ \text{焦点}\ (3,\ 0),\ \text{準線}\ x=-3$
(2) $P(x,\ y)$ とし，点 P から x 軸に垂線 PH を引く。$AP^2=PH^2$ から $(x-4)^2+(y-4)^2=y^2\,]$

246 放物線 $y^2=2x-4$

$[\,P(x,\ y),\ Q(s,\ t)\ \text{とすると}\ \dfrac{4+s}{2}=x,$

$\dfrac{0+t}{2}=y\ \text{から}\ s=2x-4,\ t=2y$

点 Q は $y^2=4x$ 上の点であるから $t^2=4s\,]$

247 (1) 放物線 $y^2=-20x$

(2) 放物線 $x^2=12y-24$

(3) 放物線 $x^2=-10y+25\ (-5<x<5)$

(4) 放物線 $x^2=-8y$, $x^2=-4y-4$

$[\,(4)\ \text{点}\ (0,\ -2)\ \text{を A，点 P から直線}\ y=1\ \text{に}$
下ろした垂線を PH とすると
$PA-1=PH\,(\text{外接})$ または $PA+1=PH\,(\text{内接})\,]$

248 $a=\pm2\sqrt{3}$, $b=\dfrac{2\sqrt{3}}{3}$, $S=\dfrac{4\sqrt{3}}{3}$

$\left[\text{PH=FH から} \ \dfrac{a^2}{4}+1=\sqrt{a^2+4} \ \text{また} \right.$

$\left. \text{直線 FH}: y=-\dfrac{1}{\sqrt{3}}x+1, \ \text{PH}=4, \ \text{FQ}=\dfrac{4}{3} \right]$

249 $a \leqq 4$ のとき最小値 $|a|$,

$a>4$ のとき最小値 $2\sqrt{2a-4}$

$[\text{P}(s, \ t)$ とすると　$\text{PA}^2=(s-a)^2+t^2$

$t^2=8s$ から　$s \geqq 0$

$\text{PA}^2=\{s-(a-4)\}^2+8a-16$

$\text{PA} \geqq 0$ であるから, PA^2 が最小となるとき

PA も最小となる$]$

250 長軸, 短軸, 焦点の順に

(1) 12 ; 8 ; $(2\sqrt{5}, \ 0)$, $(-2\sqrt{5}, \ 0)$; $[\text{図}]$

(2) 10 ; 6 ; $(0, \ 4)$, $(0, \ -4)$; $[\text{図}]$

(3) 10 ; 8 ; $(3, \ 0)$, $(-3, \ 0)$; $[\text{図}]$

(4) 8 ; 6 ; $(0, \ \sqrt{7})$, $(0, \ -\sqrt{7})$; $[\text{図}]$

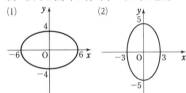

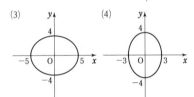

251 (1) $\dfrac{x^2}{9}+\dfrac{y^2}{4}=1$　(2) $\dfrac{x^2}{25}+\dfrac{y^2}{16}=1$

(3) $\dfrac{x^2}{9}+\dfrac{y^2}{4}=1$　(4) $\dfrac{x^2}{16}+\dfrac{y^2}{9}=1$

$\left[(2) \ \dfrac{x^2}{5^2}+\dfrac{y^2}{b^2}=1 \ \text{とおける。} \ 2\sqrt{5^2-b^2}=6 \right]$

252 (1) 楕円 $\dfrac{x^2}{25}+\dfrac{y^2}{16}=1$

(2) 楕円 $\dfrac{x^2}{225}+\dfrac{y^2}{25}=1$

$\left[(1) \ \text{円上の点 P}(u, \ v) \ \text{を} \ y \ \text{軸方向に} \ \dfrac{4}{5} \ \text{倍し} \right.$

た点を $\text{Q}(x, \ y)$ とすると　$x=u, \ y=\dfrac{4}{5}v$

$\left. \text{これと,} \ u^2+v^2=25 \ \text{から, } \ u \ \text{と} \ v \ \text{を消去する} \right]$

253 (1) 〔図〕 ;

$(0, \ -\sqrt{3})$,

$(0, \ \sqrt{3})$

(2) $\dfrac{x^2}{20}+\dfrac{y^2}{36}=1$

254 (1) $\dfrac{30}{13}$ と $\dfrac{48}{13}$

(2) $3\sqrt{2}$ と $2\sqrt{2}$

$[$第 1 象限にある長方形の頂点の座標を

$(p, \ q)$ とおくと　(1) $p+q=3$, $\dfrac{p^2}{9}+\dfrac{q^2}{4}=1$

(2) $\dfrac{p^2}{9}+\dfrac{q^2}{4}=1$,

長方形の面積を S とすると　$S=4pq$

$1=\dfrac{p^2}{9}+\dfrac{q^2}{4} \geqq 2\sqrt{\dfrac{p^2}{9} \cdot \dfrac{q^2}{4}}=\dfrac{pq}{3}=\dfrac{S}{12}$

等号が成り立つのは $\dfrac{p^2}{9}=\dfrac{q^2}{4}$ のとき

$\boxed{\text{別解}}$ $p=3\cos\theta, \ q=2\sin\theta \ \left(0<\theta<\dfrac{\pi}{2} \right)$ とお

くと　$S=4pq=24\sin\theta\cos\theta=12\sin 2\theta \leqq 12$

等号が成り立つのは　$2\theta=\dfrac{\pi}{2}$ すなわち $\theta=\dfrac{\pi}{4}$

のとき$]$

255 楕円 $\dfrac{x^2}{16}+\dfrac{y^2}{36}=1$

$[\text{A}(s, \ 0)$, $\text{B}(0, \ t)$, $\text{P}(x, \ y)$ とおくと

$s^2+t^2=10^2$, $x=\dfrac{2}{5}s$, $y=\dfrac{3}{5}t]$

256 (1) 楕円 $\dfrac{4}{9}x^2+y^2=1$

(2) 楕円 $x^2+\dfrac{9}{4}y^2=1$

ただし, 2 点 $(1, \ 0)$, $(-1, \ 0)$ を除く

$[\text{P}(x, \ y)$, $\text{Q}(s, \ t)$ とする。

Q は楕円上の点であるから　$4s^2+9t^2=36$

(1) P は線分 OQ の中点から　$x=\dfrac{s}{2}, \ y=\dfrac{t}{2}$

(2) $x=\dfrac{-2+2+s}{3}$, $y=\dfrac{0+0+t}{3}]$

257 $\left[\text{楕円を} \ \dfrac{x^2}{a^2}+\dfrac{y^2}{b^2}=1 \ (a>b>0), \ \text{点 P の座} \right.$

標を $(x_0, \ y_0)$ とすると　$\text{Q}\left(\dfrac{bx_0}{b-y_0}, \ 0 \right)$,

$\left. \text{R}\left(\dfrac{bx_0}{b+y_0}, \ 0 \right), \ \text{OQ} \cdot \text{OR}=a^2 \right]$

258 最小値 $\dfrac{4\sqrt{5}}{5}$, 最大値 4

$[$楕円上の点を $\text{P}(x, \ y)$ とすると, P と点

(1, 0) との距離 l は $l^2=(x-1)^2+y^2$

Pは楕円上の点であるから

$$\frac{x^2}{9}+\frac{y^2}{4}=1 \quad (-3\leqq x\leqq 3)\Big]$$

259 頂点, 焦点, 漸近線の順に

(1) $(4, 0)$, $(-4, 0)$; $(\sqrt{41}, 0)$,

$(-\sqrt{41}, 0)$; $5x+4y=0$, $5x-4y=0$; [図]

(2) $(0, 2\sqrt{2})$, $(0, -2\sqrt{2})$; $(0, 2\sqrt{3})$,

$(0, -2\sqrt{3})$; $y=\sqrt{2}\,x$, $y=-\sqrt{2}\,x$; [図]

(3) $(4, 0)$, $(-4, 0)$; $(5, 0)$, $(-5, 0)$;

$3x+4y=0$, $3x-4y=0$; [図]

(4) $(0, 5)$, $(0, -5)$; $(0, 5\sqrt{2})$,

$(0, -5\sqrt{2})$; $x+y=0$, $x-y=0$; [図]

(1)   (2)

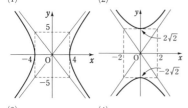

(3)   (4)

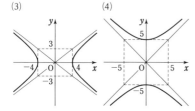

260 (1) $\dfrac{x^2}{9}-\dfrac{y^2}{27}=1$ (2) $\dfrac{x^2}{4}-\dfrac{y^2}{5}=-1$

(3) $\dfrac{x^2}{9}-\dfrac{y^2}{36}=1$ (4) $\dfrac{2}{9}x^2-\dfrac{2}{9}y^2=1$

(5) $\dfrac{x^2}{16}-\dfrac{y^2}{16}=-1$

$\Big[$(1) 2つの焦点までの距離の差が6であるか

ら $\dfrac{x^2}{9}-\dfrac{y^2}{b^2}=1$

(2) 2つの焦点 $(0, 3)$, $(0, -3)$ と点 $(4, 5)$ と

の距離の差は $2\sqrt{5}$ から $\dfrac{x^2}{a^2}-\dfrac{y^2}{5}=-1$

(3) $\dfrac{x^2}{a^2}-\dfrac{y^2}{(2a)^2}=1$

(4) $\dfrac{x^2}{a^2}-\dfrac{y^2}{b^2}=1$ とすると, 漸近線が直交する

から $\dfrac{b}{a}\cdot\left(-\dfrac{b}{a}\right)=-1$ また $a^2+b^2=3^2$

(5) 直角双曲線であるから $\dfrac{x^2}{a^2}-\dfrac{y^2}{a^2}=-1\Big]$

261 (1) [図] ;

焦点 $(-\sqrt{5}, 0)$,

$(\sqrt{5}, 0)$;

漸近線 $x+2y=0$,

$x-2y=0$

(2) $\dfrac{x^2}{9}-\dfrac{y^2}{72}=1$

262 双曲線 $\dfrac{x^2}{16}-\dfrac{y^2}{48}=1$

$\Big[$P(x, y) とおくと $2|x-2|=\sqrt{(x-8)^2+y^2}\Big]$

263 すべて等しく b

$\Big[$焦点 $(\sqrt{a^2+b^2}, 0)$ と, 漸近線 $\dfrac{x}{a}-\dfrac{y}{b}=0$ と

の距離は $\dfrac{|b\sqrt{a^2+b^2}|}{\sqrt{b^2+(-a)^2}}\Big]$

264 $\dfrac{x^2}{2}-\dfrac{y^2}{2}=1$

$\Big[$双曲線を $\dfrac{x^2}{a^2}-\dfrac{y^2}{b^2}=1$ とおくと $\dfrac{4}{a^2}-\dfrac{2}{b^2}=1$

一方, 焦点について $\sqrt{a^2+b^2}=2\Big]$

265 $\Big[$双曲線の方程式を $\dfrac{x^2}{a^2}-\dfrac{y^2}{b^2}=1$,

P(x_0, y_0) とおくと $\dfrac{x_0{}^2}{a^2}-\dfrac{y_0{}^2}{b^2}=1$

よって $b^2x_0{}^2-a^2y_0{}^2=a^2b^2$

ゆえに PQ$\cdot$PR $=\dfrac{|bx_0+ay_0|}{\sqrt{a^2+b^2}}\cdot\dfrac{|bx_0-ay_0|}{\sqrt{a^2+b^2}}$

$=\dfrac{|b^2x_0{}^2-a^2y_0{}^2|}{a^2+b^2}=\dfrac{a^2b^2}{a^2+b^2}$ (一定)$\Big]$

266 $\Big[$双曲線の方程式を $\dfrac{x^2}{a^2}-\dfrac{y^2}{b^2}=1$,

P(x_0, y_0) とおくと

PA$\cdot$PB $=\left|-\dfrac{b}{a}x_0-y_0\right|\left|\dfrac{b}{a}x_0-y_0\right|$

$=\left|\dfrac{b^2}{a^2}x_0{}^2-y_0{}^2\right|=b^2$ (一定)$\Big]$

267 方程式, 焦点の順に

(1) $(y+3)^2=x-2$, $\left(\dfrac{9}{4}, -3\right)$

(2) $\dfrac{(x-2)^2}{4}+\dfrac{(y+3)^2}{9}=1$;

$(2, -\sqrt{5}-3)$, $(2, \sqrt{5}-3)$

(3) $(x-2)^2-\dfrac{(y+3)^2}{25}=1$;

$(-\sqrt{26}+2, -3)$, $(\sqrt{26}+2, -3)$

268 (1) $2x^2-y^2=-2$　(2) $x^2-2y^2=2$

[(1)　整理すると　$2x^2-(y-1)^2=-2$
よって，y 軸方向に -1 だけ平行移動すればよい]

269 (1)　放物線
$y^2=4x$ を x 軸方向に
2，y 軸方向に -2
だけ平行移動した放
物線〔図〕；
頂点 $(2, -2)$；
焦点 $(3, -2)$

(2)　楕円 $\dfrac{x^2}{4}+\dfrac{y^2}{9}=1$ を x 軸方向に 2，y 軸方向に -1 だけ平行移動した楕円〔図〕；中心 $(2, -1)$；焦点 $(2, -\sqrt{5}-1)$, $(2, \sqrt{5}-1)$

(3)　双曲線 $\dfrac{x^2}{4}-y^2=1$ を x 軸方向に -2，y 軸方向に 3 だけ平行移動した双曲線〔図〕；焦点 $(-\sqrt{5}-2, 3)$, $(\sqrt{5}-2, 3)$；漸近線 $x+2y-4=0$, $x-2y+8=0$

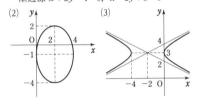

270 (1)　中心 $(2, 0)$；
焦点 $(2+\sqrt{5}, 0)$, $(2-\sqrt{5}, 0)$；
漸近線 $x+2y-2=0$, $x-2y-2=0$

(2)〔図〕

$\left[(2)\ \dfrac{(x-2)^2}{9}+\dfrac{(y+3)^2}{4}=1\right]$

271 (1)　楕円 $\dfrac{(x-2)^2}{16}+\dfrac{(y-2)^2}{25}=1$

(2)　双曲線 $\dfrac{(x-2)^2}{4}-\dfrac{(y+1)^2}{12}=1$

(3)　放物線 $(x-2)^2=2(y-1)$

(4)　放物線 $(y+2)^2=-8(x-3)$

[(1)　求める軌跡は与えられた 2 点を焦点とする楕円であり，その中心は $(2, 2)$ である。中心が原点に移るように平行移動して考える。
(2)　求める軌跡は与えられた 2 点を焦点とする

双曲線であり，その中心は $(2, -1)$ である。中心が原点に移るように平行移動して考える。

(3)　求める軌跡は点 $\left(2, \dfrac{3}{2}\right)$ を焦点，直線 $y=\dfrac{1}{2}$ を準線とする放物線であり，その頂点は $(2, 1)$ である。頂点が原点に移るように平行移動して考える。

(4)　求める軌跡は点 $(1, -2)$ を焦点，直線 $x=5$ を準線とする放物線であり，その頂点は $(3, -2)$ である。頂点が原点に移るように平行移動して考える。

別解　図形上の点 $P(x, y)$ が満たす条件を考える。
(1)　$\sqrt{(x-2)^2+(y-5)^2}+\sqrt{(x-2)^2+(y+1)^2}=10$
(2)　$\sqrt{(x-6)^2+(y+1)^2}-\sqrt{(x+2)^2+(y+1)^2}=\pm4$
(3)　$(x-2)^2+\left(y-\dfrac{3}{2}\right)^2=\left|y-\dfrac{1}{2}\right|^2$
(4)　$(x-1)^2+(y+2)^2=|x-5|^2$]

272　$(x-2)^2-\dfrac{(y-1)^2}{4}=1$

[漸近線の交点の座標は $(2, 1)$ であるから，C の中心の座標は $(2, 1)$ である。中心が原点になるように平行移動すると，C は 2 直線 $y=2x$，$y=-2x$ を漸近線とする双曲線 C' に移る]

273 (1) $y^2=4x$　(2) $y^2=-4x$
(3) $y^2=-4x$　(4) $x^2=4y$
(5) $(y-4)^2=4x$　(6) $y^2=-4(x+6)$
(7) $(y-2)^2=-4(x+8)$

[(1)～(4)　$p.60$ 要項 2 参照
(5)～(7)　例題 34 参照]

274 (1) $x^2-y^2=-4$
(2) $13x^2-6\sqrt{3}xy+7y^2=16$
(3) $x^2=4y$ [例題 35 参照]

275　$y^2=4x$ [例題 35 参照]

276 (1) $\left(\dfrac{3\sqrt{2}}{2}, \sqrt{2}\right)$, $\left(-\dfrac{3\sqrt{2}}{2}, -\sqrt{2}\right)$

(2) $\left(\dfrac{5}{2}, -\dfrac{3}{4}\right)$

(3) $(3-2\sqrt{2}, -2+2\sqrt{2})$,
$(3+2\sqrt{2}, -2-2\sqrt{2})$

(4) $(6, 6)$

277 (1) $a<-\sqrt{3}$, $\sqrt{3}<a$

(2) $m=\dfrac{\sqrt{5}}{3}$, 接点 $\left(-\sqrt{5}, \dfrac{4}{3}\right)$；

$m=-\dfrac{\sqrt{5}}{3}$, 接点 $\left(\sqrt{5}, \dfrac{4}{3}\right)$

(3) $-1<b<1$

[(1) $3x^2+4ax+a^2+1=0$

$\dfrac{D}{4}=(2a)^2-3(a^2+1)>0$

(2) $(9m^2+4)x^2+54mx+45=0$

$\dfrac{D}{4}=(27m)^2-(9m^2+4)\cdot45=0$

(3) $y^2-8by+16=0$

$\dfrac{D}{4}=(-4b)^2-16<0$]

278 (1) $-3\sqrt{2}<k<3\sqrt{2}$ のとき 2 個；

$k=\pm3\sqrt{2}$ のとき 1 個；

$k<-3\sqrt{2}$, $3\sqrt{2}<k$ のとき 0 個

(2) $-\dfrac{3}{4}<k<0$, $0<k$ のとき 2 個；

$k=0$, $-\dfrac{3}{4}$ のとき 1 個；

$k<-\dfrac{3}{4}$ のとき 0 個

[(1) $9x^2+8kx+2k^2-4=0$ から

$\dfrac{D}{4}=-2(k^2-18)$

(2) $k^2x^2-(2k+3)x+1=0$

[1] $k\neq0$ のとき $D=3(4k+3)$

[2] $k=0$ のとき $y^2=3x$ と $y=1$ の解は 1 個]

279 (1) 線分の長さ $\dfrac{8\sqrt{2}}{5}$, 中点 $\left(\dfrac{4}{5}, \dfrac{1}{5}\right)$

(2) 線分の長さ $\dfrac{2\sqrt{30}}{3}$, 中点 $(2, -1)$

280 (1) $y=\dfrac{\sqrt{3}}{2}x+2$, $y=-\dfrac{\sqrt{3}}{2}x+2$

(2) $y=2x+\dfrac{1}{2}$

281 (1) $k<-\sqrt{5}$, $\sqrt{5}<k$ のとき 2 個；

$k=\pm\sqrt{5}$ のとき 1 個；

$-\sqrt{5}<k<\sqrt{5}$ のとき 0 個

(2) $y=\dfrac{1}{2}x+\dfrac{1}{2}$, $y=-\dfrac{1}{2}x-\dfrac{1}{2}$

282 (1) $\sqrt{5}x+3y=9$ (2) $y=\sqrt{3}x-\sqrt{3}$

(3) $4x-\sqrt{3}y=2$ (4) $y=-x-1$

283 (1) $4x-y=2\sqrt{5}$, $\left(\dfrac{2\sqrt{5}}{5}, -\dfrac{2\sqrt{5}}{5}\right)$；

$-x+y=\sqrt{5}$, $\left(-\dfrac{\sqrt{5}}{5}, \dfrac{4\sqrt{5}}{5}\right)$

(2) $2x-3y+9=0$, $\left(\dfrac{9}{2}, 6\right)$；

$x-y+2=0$, $(2, 4)$

[(1) 楕円上の点 (x_1, y_1) における接線の方程式は $4x_1x+y_1y=4$

これが点 $(\sqrt{5}, 2\sqrt{5})$ を通るから

$4\sqrt{5}x_1+2\sqrt{5}y_1=4$ また $4x_1^2+y_1^2=4$

(2) $5y_1=4(x_1+3)$, $y_1^2=8x_1$]

284 直線 $y=-\dfrac{1}{4}x$ の $-\dfrac{4\sqrt{5}}{5}<x<\dfrac{4\sqrt{5}}{5}$ の部分

285 $y=x+2$, $y=-x-2$

[共通接線を $y=mx+n$ …… ① とおく。

① と放物線, ① と円が接するから

$mn-2=0, 2m^2-n^2+2=0$]

286 $\left(\sqrt{2}, -\dfrac{\sqrt{2}}{2}\right)$

[P(a, b) とすると接線 $ax+4by=4$ と AB は平行。$a^2+4b^2=4$]

287 (1) 1 個

(2) $k\neq0$ のとき 1 個, $k=0$ のとき 0 個

(3) $k<-\dfrac{1}{3}$, $\dfrac{1}{3}<k$ のとき 2 個；

$-\dfrac{1}{3}\leqq k\leqq\dfrac{1}{3}$ のとき 0 個

[(2) y を消去して整理すると $4kx=-k^2-4$

(3) y を消去して整理すると $(9k^2-1)x^2=9$]

288 (1) [図] 斜線部分。

境界線を含まない

(2) [図] 斜線部分。

境界線を含む

(3) [図] 斜線部分。

境界線を含まない

(1)

(2)

(3)

289 [図] 斜線部分。

境界線を含まない

[余弦定理を用いて,

$\cos\angle$BAC と

$\cos\angle$ABC を x と y で

表す]

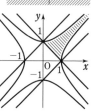

290 (1) $-6\sqrt{2} \leqq k \leqq 6\sqrt{2}$

(2) $x=\dfrac{3\sqrt{2}}{2}$, $y=\sqrt{2}$ のとき最大値 $6\sqrt{2}$ ；

$x=-\dfrac{3\sqrt{2}}{2}$, $y=-\sqrt{2}$ のとき最小値 $-6\sqrt{2}$

291 (1) 放物線 $y^2=12(x-4)$

(2) 双曲線 $\dfrac{(x+1)^2}{16}-\dfrac{y^2}{48}=1$

(3) 楕円 $\dfrac{(x-9)^2}{16}+\dfrac{y^2}{12}=1$

[P(x, y) とすると

(1) $\sqrt{(x-7)^2+y^2}:|x-1|=1:1$

(2) $\sqrt{(x-7)^2+y^2}:|x-1|=2:1$

(3) $\sqrt{(x-7)^2+y^2}:|x-1|=1:2$]

292 $k=\dfrac{9}{\sqrt{5}}$, $e=\dfrac{\sqrt{5}}{3}$

[楕円上の任意の点を P(x, y) とすると

$(x-\sqrt{5})^2+y^2=e^2(x-k)^2$, $\dfrac{x^2}{9}+\dfrac{y^2}{4}=1$

この 2 式から

$(9e^2-5)x^2-18(e^2k-\sqrt{5})x+9(e^2k^2-9)=0$

別解　楕円上の 2 点 P$_1(3, 0)$, P$_2(0, 2)$ から直線 $x=k$ に下ろした垂線をそれぞれ P$_1$H$_1$,

P$_2$H$_2$ とすると　$e=\dfrac{\text{P}_1\text{F}}{\text{P}_1\text{H}_1}=\dfrac{\text{P}_2\text{F}}{\text{P}_2\text{H}_2}$]

293 (1) 直線 $y=2x-5$

(2) 放物線 $y=x^2+2x+3$

(3) 放物線 $x=y^2+1$ の $y\geqq 0$ の部分

(4) 円 $x^2+y^2=1$ の $x\geqq 0$, $y\geqq 0$ の部分

(5) 放物線 $y=-x^2+2$ の $0\leqq x\leqq 1$ の部分

294 (1) 放物線 $y=-x^2+2$

(2) 放物線 $y=2x^2-2x+1$

[放物線の頂点をPとすると

(1) P$(t, -t^2+2)$　(2) P$(t, 2t^2-2t+1)$]

295 $x=-\dfrac{t^2+1}{2t}$, $y=\dfrac{t^2-1}{2t}$

[2 つの式から y を消去して, x を t で表す]

296 (1) $x=3\cos\theta$, $y=3\sin\theta$

(2) $x=5\cos\theta$, $y=3\sin\theta$

(3) $x=\dfrac{2}{\cos\theta}$, $y=\tan\theta$

(4) $x=4\cos\theta+1$, $y=3\sin\theta-2$

297 (1) 円 $x^2+y^2=4$

(2) 楕円 $\dfrac{x^2}{9}+y^2=1$

(3) 楕円 $\dfrac{(x+1)^2}{4}+\dfrac{y^2}{9}=1$

(4) 双曲線 $(x+2)^2-\dfrac{(y-3)^2}{4}=1$

298 (1) 放物線 $y=\dfrac{x^2}{2}-x-\dfrac{1}{2}$

(2) 双曲線 $(x-1)^2-\dfrac{(y-2)^2}{4}=1$

299 ①

[曲線 C の方程式は　$y=x^2-2$

② の曲線の方程式は　$y=x^2-3x-3$

③ の曲線の方程式は　$y=x^2-2$ $(x\geqq -4)$]

300 (1) 双曲線 $x^2-y^2=4$

(2) 楕円 $x^2+\dfrac{y^2}{9}=1$

ただし, 点 $(-1, 0)$ を除く

(3) 放物線 $y=1-2x^2$ の $-1\leqq x\leqq 1$ の部分

(4) 円 $x^2+y^2=5$

[(1) $x+y=2t$, $x-y=\dfrac{2}{t}$

(2) $t=\dfrac{y}{3(1+x)}$, $t^2=\dfrac{1-x}{1+x}$

(3) $y=\cos 2\theta=1-2\sin^2\theta$

(4) $\sin\theta=\dfrac{2x+y}{5}$, $\cos\theta=\dfrac{x-2y}{5}$]

301 (1) P$\left(\dfrac{4}{1-t^2}, \dfrac{4t}{1-t^2}\right)$ $(t\neq 0)$

(2) 双曲線 $\dfrac{(x-2)^2}{4}-\dfrac{y^2}{4}=1$

ただし, 2 点 $(0, 0)$, $(4, 0)$ を除く

[ℓ は $y=tx$ $(t\neq\pm 1)$ であるから

A$\left(\dfrac{4}{1+t}, \dfrac{4t}{1+t}\right)$, B$\left(\dfrac{4}{1-t}, \dfrac{4t}{1-t}\right)$]

302 [P$\left(\dfrac{a}{\cos\theta}, b\tan\theta\right)$ とすると, 接線は

$\dfrac{x}{a\cos\theta}-\dfrac{y\tan\theta}{b}=1$

これと漸近線の交点は

$\left(\dfrac{a\cos\theta}{1-\sin\theta}, \dfrac{b\cos\theta}{1-\sin\theta}\right)$,

$\left(\dfrac{a\cos\theta}{1+\sin\theta}, -\dfrac{b\cos\theta}{1+\sin\theta}\right)$

(2) $\triangle$OQR$=ab$]

303 $x=2(\cos\theta+\theta\sin\theta)$,

$y=2(\sin\theta-\theta\cos\theta)$ $(0\leqq\theta\leqq 2\pi)$

[点Qの座標は　$(2\cos\theta, 2\sin\theta)$

また　$\overparen{\text{AQ}}=\text{PQ}=2\theta$

ゆえに　$x=2\cos\theta+2\theta\cos\left(\theta-\dfrac{\pi}{2}\right)$,

$y=2\sin\theta+2\theta\sin\left(\theta-\dfrac{\pi}{2}\right)$]

304 (1)～(3) ［図］

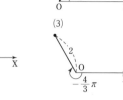

305 (1) $\left(\dfrac{3\sqrt{3}}{2},\ \dfrac{3}{2}\right)$

(2) $(-2,\ -2\sqrt{3})$

(3) $(\sqrt{2},\ \sqrt{2})$

306 (1) $\left(4\sqrt{2},\ \dfrac{\pi}{4}\right)$

(2) $\left(4,\ \dfrac{4}{3}\pi\right)$

(3) $\left(2\sqrt{3},\ \dfrac{11}{6}\pi\right)$

307 (1) $P(1,\ -\sqrt{3})$

(2) $Q\left(2,\ \dfrac{11}{6}\pi\right)$

308 極に関して対称な点，始線に関して対称な点の順に

A : $\left(3,\ \dfrac{7}{6}\pi\right),\ \left(3,\ \dfrac{11}{6}\pi\right)$

B : $\left(2,\ \dfrac{\pi}{4}\right),\ \left(2,\ \dfrac{3}{4}\pi\right)$

C : $\left(2,\ \dfrac{2}{3}\pi\right),\ \left(2,\ \dfrac{\pi}{3}\right)$

D : $\left(1,\ \dfrac{7}{4}\pi\right),\ \left(1,\ \dfrac{5}{4}\pi\right)$

309 (1) $2\sqrt{7}$ (2) $2\sqrt{3}$

$\left[(1)\ \ AB^2=2^2+4^2-2\cdot2\cdot4\cos\dfrac{2}{3}\pi\right.$

$\left.(2)\ \ \dfrac{1}{2}\cdot2\cdot4\sin\dfrac{2}{3}\pi\right]$

310 (1)～(6) ［図］

$\left[(6)\ \ \sin\theta=\cos\left(\dfrac{\pi}{2}-\theta\right)=\cos\left(\theta-\dfrac{\pi}{2}\right)\right]$

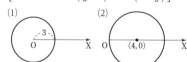

311 (1) $r=6\cos\theta$ (2) $r\cos\left(\theta-\dfrac{\pi}{4}\right)=2$

(3) $r\cos\left(\theta-\dfrac{\pi}{3}\right)=a$

312 (1) $x^2+y^2-2x=0$ (2) $x^2-y^2=1$

(3) $x-\sqrt{3}\,y=-6$

$\left[x^2+y^2=r^2,\ \cos\theta=\dfrac{x}{r},\ \sin\theta=\dfrac{y}{r}\ を利用\right]$

313 (1) $r\cos\theta=5$

(2) $\theta=\dfrac{2}{3}\pi\ \left(または\ \theta=-\dfrac{\pi}{3}\ など\right)$

(3) $r\cos\left(\theta-\dfrac{\pi}{4}\right)=2\sqrt{2}$

(4) $r=4\cos\theta$

(5) $r\sin^2\theta=-4\cos\theta$

(6) $r^2\cos2\theta=9$

$[(6)\ \ r^2(\cos^2\theta-\sin^2\theta)=9\ ]$

314 (1) 中心が $(2,\ 0)$ ［極座標］で半径が 2 の円 ［図］

(2) $A\left(4,\ \dfrac{\pi}{3}\right)$ ［極座標］を通り，OA に垂直な直線（O は極）［図］

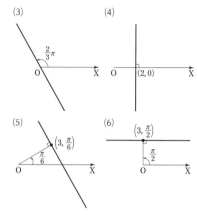

315 (1), (2) ［図］

$\left[(1)\ \ r\cos\left(\theta-\dfrac{\pi}{4}\right)=\sqrt{2}\right.$

$\left.(2)\ \ r\cos\left(\theta-\dfrac{5}{6}\pi\right)=2\right]$

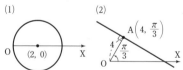

(1)　　　　　(2)

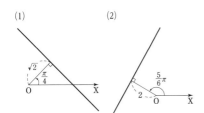

316 (1), (2)　[図]

[(1)　$xy=-1$　(2)　$x-\sqrt{3}\,y+1=0$]

(1)　　　　　(2)

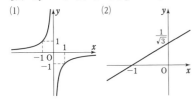

317 (1)　$r=6\cos\left(\theta-\dfrac{\pi}{5}\right)$

(2)　$r\cos\left(\theta-\dfrac{2}{3}\pi\right)=1$

(3)　$\theta=\dfrac{\pi}{2}$, $\theta=-\dfrac{\pi}{6}$

$\Bigg[$ (3)　$A\left(2,\ \dfrac{\pi}{6}\right)$ から 2 本の接線に垂線 AH,

AK を下ろす。このとき

$AH=AK=\sqrt{3}$, $\angle AOH=\angle AOK=\dfrac{\pi}{3}$

であるから　$\angle XOH=\dfrac{\pi}{2}$, $\angle XOK=\dfrac{\pi}{6}$ $\Bigg]$

318 (1)　$r(\sqrt{3}\,\cos\theta-\sin\theta)=-3\sqrt{3}$

(2)　$r(\cos\theta-\sin\theta)=1-\sqrt{3}$

319 (1)　中心 $\left(4\sqrt{2},\ \dfrac{7}{4}\pi\right)$, 半径 5

(2)　中心 $\left(1,\ \dfrac{2}{3}\pi\right)$, 半径 1

[(2)　両辺を r $(r\neq0)$ 倍する]

320 (1)　放物線 $y^2=4x+4$

(2)　双曲線 $\dfrac{(x-4)^2}{4}-\dfrac{y^2}{12}=1$

(3)　楕円 $\dfrac{9}{16}\left(x+\dfrac{2}{3}\right)^2+\dfrac{3}{4}y^2=1$

[(1)　分母を払って　$r(1-\cos\theta)=2$

$r\cos\theta=x$ から　$r=2+x$

両辺を 2 乗して $r^2=x^2+y^2$ を代入

(2), (3) も同様]

321 (1)　$r=\dfrac{3}{2+\cos\theta}$　(2)　$r=\dfrac{3}{1+\cos\theta}$

[点 P の極座標を $(r,\ \theta)$, P から直線 ℓ に下ろ

した垂線を PH とすると　$PH=3-r\cos\theta$]

322　$r=2\sqrt{2}\,a\cos\left(\theta\pm\dfrac{\pi}{4}\right)$ (ただし $r\neq0$)

$\Bigg[$ $P(r_1,\ \theta_1)$, $Q(r,\ \theta)$ とすると

$r_1=\dfrac{1}{\sqrt{2}}r$, $\theta_1=\theta\pm\dfrac{\pi}{4}$ $\Bigg]$

323　$m=\pm\dfrac{2\sqrt{5}}{5}$

[楕円と直線の交点の x 座標を x_1, x_2 $(x_1<x_2)$

とすると　$x_2-x_1=\dfrac{4}{\sqrt{m^2+4}}$

弦の長さを l とすると　$l^2=(m^2+1)(x_2-x_1)^2$]

324 (1)　円 $x^2+y^2=25$　(2)　直線 $x=-\dfrac{1}{4}$

[(1)　[1]　$x_0=\pm4$ のとき　$y_0=\pm3$ (複号任意)

[2]　$x_0\neq\pm4$ のとき　$P(x_0,\ y_0)$ から楕円に引

いた接線の方程式を $y-y_0=m(x-x_0)$ とする。

楕円の式とこの式から y を消去すると

$(16m^2+9)x^2-32m(mx_0-y_0)x$

$+16\{(mx_0-y_0)^2-9\}=0$

$D=0$ から　$(x_0{}^2-16)m^2-2x_0y_0m+y_0{}^2-9=0$

この m の 2 次方程式の 2 つの解を m_1, m_2 と

すると　$m_1m_2=-1$

解と係数の関係から　$\dfrac{y_0{}^2-9}{x_0{}^2-16}=-1$

(2)　(1) と同様]

325　[C_1 と C_2 の焦点が一致することから

$a^2-b^2=c^2+d^2$

C_1 と C_2 の交点の座標を $(p,\ q)$ とすると

$\dfrac{p^2}{a^2}+\dfrac{q^2}{b^2}=1$, $\dfrac{p^2}{c^2}-\dfrac{q^2}{d^2}=1$

点 $(p,\ q)$ における C_1, C_2 の接線は

$\dfrac{px}{a^2}+\dfrac{qy}{b^2}=1$, $\dfrac{px}{c^2}-\dfrac{qy}{d^2}=1$

(2 つの接線の傾きの積)$=-1$ を示す]

326　最大値 32, 最小値 -32

[$P(4\cos\theta,\ 2\sin\theta)$ とおくと

$x^2+4\sqrt{3}\,xy-4y^2=32\sin\left(2\theta+\dfrac{\pi}{6}\right)$]

327 (1)　$(0,\ -5)$, $(2,\ 3)$, $(-2,\ 3)$

(2)　$(-1,\ 0)$, $(2,\ \sqrt{3})$, $(2,\ -\sqrt{3})$

(3)　$\left(\dfrac{11}{2},\ \dfrac{\sqrt{85}}{2}\right)$, $\left(\dfrac{11}{2},\ -\dfrac{\sqrt{85}}{2}\right)$

328 $\dfrac{1}{6}$

[OA$=r_1$, OB$=r_2$, OC$=r_3$, OD$=r_4$ とおき、
A$(r_1,\ \theta_1)$ とする。4点 A, B, C, D が、この
順で極Oの周りに正の回転の向きで並んでいる
とすると、B$(r_2,\ \theta_1+\pi)$, C$\left(r_3,\ \theta_1+\dfrac{\pi}{2}\right)$,
D$\left(r_4,\ \theta_1-\dfrac{\pi}{2}\right)$ とおける]

329 $\left[\dfrac{r^2\cos^2\theta}{a^2}+\dfrac{r^2\sin^2\theta}{b^2}=1 \text{ から}\right.$

$$\dfrac{1}{r^2}=\dfrac{\cos^2\theta}{a^2}+\dfrac{\sin^2\theta}{b^2}$$

P$(r_1,\ \theta_1)$, Q$\left(r_2,\ \theta_1+\dfrac{\pi}{2}\right)$ とすると

$$\dfrac{1}{\text{OP}^2}+\dfrac{1}{\text{OQ}^2}=\dfrac{1}{r_1{}^2}+\dfrac{1}{r_2{}^2}$$

$$=\left(\dfrac{\cos^2\theta_1}{a^2}+\dfrac{\sin^2\theta_1}{b^2}\right)+\left(\dfrac{\sin^2\theta_1}{a^2}+\dfrac{\cos^2\theta_1}{b^2}\right)\Big]$$

総合問題（$p.76$〜77）の答と略解

1 (2) $\vec{c}=\dfrac{s-1}{s}\vec{a}$, $\vec{d}=\dfrac{t-1}{t}\vec{b}$

(4) 一致しない

[(1) 辺 AB，BC，CD，DA の中点をそれぞれ
M_1，M_2，M_3，M_4 とし，点Oに関する位置ベクトルをそれぞれ $\vec{m_1}$，$\vec{m_2}$，$\vec{m_3}$，$\vec{m_4}$ とすると

$\vec{m_1}=\dfrac{\vec{a}+\vec{b}}{2}$, $\vec{m_2}=\dfrac{\vec{b}+\vec{c}}{2}$, $\vec{m_3}=\dfrac{\vec{c}+\vec{d}}{2}$,

$\vec{m_4}=\dfrac{\vec{d}+\vec{a}}{2}$

よって $\vec{g}=\dfrac{\vec{m_1}+\vec{m_3}}{2}=\dfrac{\vec{m_2}+\vec{m_4}}{2}$

(2) $\vec{c}$ は $\vec{a}$ と反対の向きで，大きさが $\dfrac{1-s}{s}$ 倍
のベクトル。

$\vec{d}$ は $\vec{b}$ と反対の向きで，大きさが $\dfrac{1-t}{t}$ 倍の
ベクトル。

(3) 点 G_1，G_2，G_3，G_4 の点Oに関する位置ベクトルをそれぞれ $\vec{g_1}$，$\vec{g_2}$，$\vec{g_3}$，$\vec{g_4}$ とすると

$\vec{g_1}=\dfrac{2s-1}{3s}\vec{a}+\dfrac{1}{3}\vec{b}$, $\vec{g_2}=\dfrac{2s-1}{3s}\vec{a}+\dfrac{t-1}{3t}\vec{b}$,

$\vec{g_3}=\dfrac{1}{3}\vec{a}+\dfrac{2t-1}{3t}\vec{b}$, $\vec{g_4}=\dfrac{s-1}{3s}\vec{a}+\dfrac{2t-1}{3t}\vec{b}$

また $G_1G':G_2G'=(1-t):t$
$G_3G'':G_4G''=(1-s):s$
よって，点 G'，G'' の点Oに関する位置ベクトルをそれぞれ $\vec{g'}$，$\vec{g''}$ とすると

$\vec{g'}=t\vec{g_1}+(1-t)\vec{g_2}=\dfrac{2s-1}{3s}\vec{a}+\dfrac{2t-1}{3t}\vec{b}$

$\vec{g''}=s\vec{g_3}+(1-s)\vec{g_4}=\dfrac{2s-1}{3s}\vec{a}+\dfrac{2t-1}{3t}\vec{b}$

ゆえに $\vec{g'}=\vec{g''}$

(4) (2) より $\vec{g}=\dfrac{2s-1}{4s}\vec{a}+\dfrac{2t-1}{4t}\vec{b}$

(3)より，点 G_0 の点Oに関する位置ベクトルを
$\vec{g_0}$ とすると $\vec{g_0}=\dfrac{2s-1}{3s}\vec{a}+\dfrac{2t-1}{3t}\vec{b}$]

2 (1) $\angle P_5P_1P_2=\dfrac{\pi}{2}$

(2) $S=\sin 2\theta+\dfrac{2+\sqrt{3}}{4}$

[(1) $\dfrac{w_2-w_1}{w_5-w_1}=\pm i\tan\theta$ より

$\dfrac{w_2-w_1}{w_5-w_1}$ は純虚数。

(2) $z^2-\sqrt{3}\,z+1=0$ から

$z=\cos\dfrac{\pi}{6}\pm i\sin\dfrac{\pi}{6}$

$\dfrac{w_3}{w_2}=\cos\dfrac{\pi}{6}-i\sin\dfrac{\pi}{6}$ とすると，5点 P_1，P_2，
P_3，P_4，P_5 が円 C 上に反時計回りに並んでいることに矛盾する。

よって $\dfrac{w_3}{w_2}=\cos\dfrac{\pi}{6}+i\sin\dfrac{\pi}{6}$,

$-\dfrac{w_4}{w_2}=\cos\dfrac{\pi}{6}-i\sin\dfrac{\pi}{6}$

また $w_5=-w_2$
五角形 $P_1P_2P_3P_4P_5$ の面積は
$\triangle P_1P_2P_5+\triangle P_2OP_3+\triangle P_3OP_4+\triangle P_4OP_5$

(3) $w_1=w_2(\cos 2\theta-i\sin 2\theta)$,

$w_3=w_2\!\left(\dfrac{\sqrt{3}}{2}+\dfrac{1}{2}i\right)$, $w_4=w_2\!\left(-\dfrac{\sqrt{3}}{2}+\dfrac{1}{2}i\right)$]

3 [正三角形 ABC の3つの頂点がすべて有理点であると仮定すると，$A(0)$，$B(a+bi)$，
$C(c+di)$ $(a,b,c,d$ は有理数) とおける。

Aの周りにBを $\dfrac{\pi}{3}$ または $-\dfrac{\pi}{3}$ だけ回転させると，Cに一致するから

$c+di=\left\{\cos\!\left(\pm\dfrac{\pi}{3}\right)+i\sin\!\left(\pm\dfrac{\pi}{3}\right)\right\}(a+bi)$

$=\dfrac{1}{2}\{(a\mp\sqrt{3}\,b)+(b\pm\sqrt{3}\,a)i\}$ （複号同順）

よって $2c-a=\pm\sqrt{3}\,b$, $2d-b=\pm\sqrt{3}\,a$ …①
ここで，$0\neq a+bi$ より $a\neq 0$ または $b\neq 0$
ゆえに $\pm\sqrt{3}\,a\neq 0$ または $\pm\sqrt{3}\,b\neq 0$
よって，$\sqrt{3}\,a$，$\sqrt{3}\,b$ の少なくとも一方は無理数である。
ところが，$2c-a$ と $2d-b$ はともに有理数であるから，①は矛盾する。
したがって，3つの頂点がすべて有理点である正三角形は存在しない]

4 (1) 2億9900万 km (2) 250万 km

(3) $e=\dfrac{c}{a}$, $e\fallingdotseq 0.017$

[楕円 C の中心が原点O，焦点（太陽）が x 軸上となるように座標軸を定める。ここでは，太陽は $x>0$ の部分にあるとする。

(1) 楕円 C の方程式を $\dfrac{x^2}{a^2}+\dfrac{y^2}{b^2}=1$ $(a>b>0)$，

x 軸との交点を $A'(-a,\ 0)$，$A(a,\ 0)$ とすると，地球が太陽に最も近づくのは，地球が点Aにあるときであり，地球が太陽から最も離れるのは，地球が点 A' にあるときである。

(3)　地球が点Aにあるとき，地球と楕円Cの準
線の距離をpとすると

$(a-c):p=e:1$

地球が点 A′ にあるときも同様に考えて

$(a+c):(2a+p)=e:1$

これらからpを消去する。

(1)，(2)の結果を用いる]

初 版
第1刷 1996年 2月 1日 発行
新課程
第1刷 2004年11月 1日 発行
新課程
第1刷 2023年 1月10日 発行
第2刷 2024年 1月10日 発行

ISBN978-4-410-20965-9

教科書傍用

スタンダード
数学 C

〔ベクトル，複素数平面，

式と曲線〕

編 者　数研出版編集部

発行者　星野　泰也

発行所　**数研出版株式会社**

〒101-0052　東京都千代田区神田小川町2丁目3番地3
〔振替〕00140-4-118431

〒604-0861　京都市中京区烏丸通竹屋町上る大倉町205番地
〔電話〕代表（075）231-0161

ホームページ　https://www.chart.co.jp

印刷　創栄図書印刷株式会社

複 素 数 平 面

13 共役な複素数の性質 z, α, β は複素数とする。

▶点 $\bar{z}$ は点 z と実軸に関して対称
　点 $-z$ は点 z と原点に関して対称
　点 $-\bar{z}$ は点 z と虚軸に関して対称
▶① z が実数 $\iff$ $\bar{z}=z$
　② z が純虚数 $\iff$ $\bar{z}=-z$, $z\neq0$
▶① $\overline{\alpha+\beta}=\bar{\alpha}+\bar{\beta}$
　② $\overline{\alpha-\beta}=\bar{\alpha}-\bar{\beta}$
　③ $\overline{\alpha\beta}=\bar{\alpha}\bar{\beta}$
　④ $\overline{\left(\dfrac{\alpha}{\beta}\right)}=\dfrac{\bar{\alpha}}{\bar{\beta}}$

14 複素数の絶対値 複素数 $z=a+bi$ に対して

▶定義 $|z|=|a+bi|=\sqrt{a^2+b^2}$
▶性質 ① $|z|=|\bar{z}|=|-z|$
　　　② $z\bar{z}=|z|^2$

15 複素数の演算と図示 α, β は複素数とする。

▶複素数の和, 差の図示
　① 点 $\alpha+\beta$ は, 原点 O を点 β に移す平行移動によって点 α が移る点である。
　② 点 $\alpha-\beta$ は, 点 β を原点 O に移す平行移動によって点 α が移る点である。

▶2 点 α, β 間の距離は $|\beta-\alpha|$
▶複素数の実数倍 $\alpha\neq0$ のとき
　3 点 0, α, β が一直線上にある
　　$\iff$ $\beta=k\alpha$ となる実数 k がある

16 複素数の極形式 α, β, z は複素数とする。

▶共役な複素数の極形式と偏角
　$z=r(\cos\theta+i\sin\theta)$ に対して
　$\bar{z}=r(\cos\theta-i\sin\theta)=r\{\cos(-\theta)+i\sin(-\theta)\}$
　$\arg\bar{z}=-\arg z$
▶極形式で表された複素数の積と商
　$\alpha=r_1(\cos\theta_1+i\sin\theta_1)$, $\beta=r_2(\cos\theta_2+i\sin\theta_2)$
　のとき
　① $\alpha\beta=r_1r_2\{\cos(\theta_1+\theta_2)+i\sin(\theta_1+\theta_2)\}$
　② $\dfrac{\alpha}{\beta}=\dfrac{r_1}{r_2}\{\cos(\theta_1-\theta_2)+i\sin(\theta_1-\theta_2)\}$

▶複素数の積と商の絶対値と偏角
　① $|\alpha\beta|=|\alpha||\beta|$ 　 $\arg\alpha\beta=\arg\alpha+\arg\beta$
　② $\left|\dfrac{\alpha}{\beta}\right|=\dfrac{|\alpha|}{|\beta|}$ 　 $\arg\dfrac{\alpha}{\beta}=\arg\alpha-\arg\beta$
▶原点を中心とする回転
　$\alpha=\cos\theta+i\sin\theta$ と z に対して, 点 αz は, 点 z を原点を中心として θ だけ回転した点である。

17 ド・モアブルの定理

▶ド・モアブルの定理 n が整数のとき
　$(\cos\theta+i\sin\theta)^n=\cos n\theta+i\sin n\theta$
▶1 の n 乗根 自然数 n に対して
　$z_k=\cos\dfrac{2k\pi}{n}+i\sin\dfrac{2k\pi}{n}$ $(k=0, 1, 2, \cdots, n-1)$

18 複素数と図形 A(α), B(β), C(γ) とする。

▶線分の内分点, 外分点
　線分 AB を $m:n$ に内分する点を表す複素数
　　$\dfrac{n\alpha+m\beta}{m+n}$
　線分 AB の中点を表す複素数
　　$\dfrac{\alpha+\beta}{2}$
　線分 AB を $m:n$ に外分する点を表す複素数
　　$\dfrac{-n\alpha+m\beta}{m-n}$
▶方程式の表す図形
　$|z-\alpha|=r$ 点 A を中心とする半径 r の円
　$|z-\alpha|=|z-\beta|$ 線分 AB の垂直二等分線
▶点 α を中心とする回転
　点 β を, 点 α を中心として角 θ だけ回転した点を γ とすると
　　$\gamma-\alpha=(\cos\theta+i\sin\theta)(\beta-\alpha)$
▶半直線のなす角
　半直線 AB から半直線 AC までの回転角 θ は
　　$\theta=\arg\dfrac{\gamma-\alpha}{\beta-\alpha}$
　3 点 A, B, C が一直線上にある
　　$\iff$ $\dfrac{\gamma-\alpha}{\beta-\alpha}$ が実数
　2 直線 AB, AC が垂直に交わる
　　$\iff$ $\dfrac{\gamma-\alpha}{\beta-\alpha}$ が純虚数